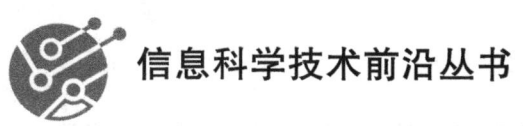

面向人体视觉理解的混合监督学习技术

杨 录 宋 晴 编著

北京邮电大学出版社
www.buptpress.com

内 容 简 介

本书以人体视觉理解为核心,系统地探讨了多数据源多任务学习在该领域的应用与挑战,提出了一种创新方法——混合监督学习(Mix-Supervised Learning,MSL)。混合监督学习通过共享主干网络,端到端地实现人体检测、人体实例分割、人体解析、人体姿态估计、密集姿态估计和实例级人体部位检测等6项任务的高效建模与预测。针对当前方法存在的精度与效率不足、任务间梯度竞争、多数据源适应性差等问题,本书提出了梯度均衡策略、实例级迁移学习、解析区域卷积网络和注意力激发感受野模块等创新技术。实验结果表明,混合监督学习在精度和效率上显著领先现有方法。

本书适合从事计算机视觉、多任务学习及相关领域研究的学者和工程师参考。

图书在版编目(CIP)数据

面向人体视觉理解的混合监督学习技术 / 杨录,宋晴编著. -- 北京:北京邮电大学出版社,2025.

ISBN 978-7-5635-7555-8

Ⅰ. TP302.7

中国国家版本馆 CIP 数据核字第 2025RN2218 号

策划编辑:姚　顺	责任编辑:满志文	责任校对:张会良	封面设计:七星博纳

出版发行:北京邮电大学出版社
社　　址:北京市海淀区西土城路 10 号
邮政编码:100876
发 行 部:电话:010-62282185　传真:010-62283578
E-mail:publish@bupt.edu.cn
经　　销:各地新华书店
印　　刷:保定市中画美凯印刷有限公司
开　　本:787 mm×1 092 mm　1/16
印　　张:7.5
字　　数:191 千字
版　　次:2025 年 6 月第 1 版
印　　次:2025 年 6 月第 1 次印刷

ISBN 978-7-5635-7555-8　　　　　　　　　　　　　　定价:49.00 元

·如有印装质量问题,请与北京邮电大学出版社发行部联系·

前言

人体视觉理解技术是计算机视觉领域的重要组成部分,由于人类往往作为图片、视频等多媒体产物的核心研究对象,因此对图片或视频中的人体进行分析和理解是非常有必要的。人体视觉理解是基于计算机视觉技术的一系列人体相关任务的综合,通过对于多个维度人体信息的分析,能够更好地促进对于图像、视频中与人相关内容的理解。现有的人体视觉理解解决方案主要基于单数据源多任务学习或者多个单任务学习组合的方法。但是单一数据源多任务标注的难度较大、成本较高,而多个单任务组合的方法效率较低,且忽视了任务之间的相关性。因此,为了高效且精准地解决人体视觉理解问题,往往需要多个数据源来共同完成多种任务的学习。

本书基于多数据源多任务学习的思想,提出了一种面向人体视觉理解的方法:混合监督学习(Mix-Supervised Learning, MSL)。混合监督学习是一种共享主干的多任务学习架构,它采用区域卷积网络作为基础,其中不同的任务可以共享同一主干网络,并且可以并行处理用于特定任务的网络分支。在本书中,使用混合监督学习在5个不同的数据集上训练人体视觉理解模型,可以同时执行人体检测、人体实例分割、人体解析、人体姿态估计、密集姿态估计以及实例级人体部位检测6个人体视觉理解子任务。

本书针对多数据源的域适应性问题和多任务的梯度竞争问题,分析了现有方法的不足,提出了实例级迁移学习和梯度均衡等策略;针对人体视觉理解问题中人体细节和特征表达能力不足的问题,提出了用于构建人体几何和上下文信息以及全局语义信息的解析区域卷积网络;针对多数据源中目标的多样性,提出了一种采用空间注意力机制激发感受野的模块;为了验证混合监督学习的可扩展性,本书还提出了一个新的人体视觉理解子任务,并系统性地建立了大规模精准标注的数据集。最终,在人体视觉理解任务的效率和精度方面,混合监督学习超过了当前的非端到端多数据源多任务学习方法,也领先多个单任务组合的方法。

总体而言,本书系统性地研究了人体视觉理解任务的特性与挑战,基于多数据源多任务学习的思想提出了混合监督学习方法,并在基本模型、任务适用性、数据鲁棒性和可扩展性等关键问题上进行研究并做出了创新性成果。通过大量的实验验证了混合监督学习在人体视觉理解任务效率和精度方面的优势。

由于时间和篇幅有限,书中难免存在不足之处,恳请读者批评指正。

作 者

目 录

第1章 绪论 1
  1.1 背景与意义 1
  1.2 关键技术难题 4
  1.3 主要内容与创新点 5
  1.4 本书结构安排 7

第2章 面向人体视觉理解与多任务学习的研究现状 10
  2.1 引言 10
  2.2 人体视觉理解相关研究 10
    2.2.1 人体检测与人体实例分割 11
    2.2.2 人体部位检测 13
    2.2.3 人体解析 15
    2.2.4 人体姿态估计与密集姿态估计 18
  2.3 多任务学习相关研究 22
    2.3.1 多任务学习基本内容 22
    2.3.2 多任务学习方法 23
    2.3.3 多数据源多任务学习思想 32
    2.3.4 多任务学习的评价基准 34

第3章 混合监督学习的基本模型 36
  3.1 问题描述 36
  3.2 混合监督学习的基本模型设计 38
    3.2.1 模型的多任务数据源 38
    3.2.2 模型的结构设计 39
  3.3 实验结果与性能分析 41
    3.3.1 相关实验设置 41
    3.3.2 基础单/多任务实验对比 42
    3.3.3 消融实验 43
    3.3.4 模型性能分析 45
  3.4 小结 47

第 4 章　用于混合监督学习的解析区域卷积网络 … 48
4.1　问题描述 … 48
4.2　具备全局语义信息的网络设计流程 … 49
4.2.1　几何和上下文编码模块 … 49
4.2.2　全局语义增强特征金字塔网络 … 50
4.2.3　解析重评分网络 … 52
4.2.4　高分辨率特征及大容量网络分支 … 53
4.3　实验结果与性能分析 … 54
4.3.1　相关实验设置 … 54
4.3.2　评价指标 … 54
4.3.3　消融实验 … 54
4.3.4　与先进方法的比较 … 55
4.4　混合监督习模型的消融实验 … 56
4.4.1　单任务实验 … 57
4.4.2　添加 Parsing R-CNN 网络的模型实验 … 57
4.5　小结 … 58

第 5 章　用于混合监督学习的空间注意力模块 … 59
5.1　问题描述 … 59
5.2　注意力激发感受野模块的设计流程 … 60
5.2.1　Air 模块的设计思路 … 60
5.2.2　Air 模块的实现流程 … 62
5.3　实验结果与性能分析 … 65
5.3.1　ImageNet 数据集的实验结果 … 65
5.3.2　CIFAR-10 和 CIFAR-100 数据集的实验结果 … 68
5.3.3　Air 模块的有效性实验分析 … 69
5.4　混合监督学习模型的消融实验 … 70
5.4.1　单任务实验 … 71
5.4.2　添加 AirNet 网络的混合监督学习实验 … 73
5.5　小结 … 73

第 6 章　混合监督学习的可扩展性探究 … 75
6.1　问题描述 … 75
6.2　实例级人体部位数据集 … 76
6.2.1　数据集概述 … 76
6.2.2　数据统计 … 78
6.2.3　评价指标 … 81
6.3　实例级人体部位检测模型设计 … 82
6.3.1　模型设计思路 … 82
6.3.2　网络结构设计 … 83
6.4　实验结果与性能分析 … 85

  6.4.1 主流检测器基准 ·· 85
  6.4.2 数据集泛化能力实验 ·································· 86
  6.4.3 模型实验及性能分析 ·································· 87
 6.5 混合监督学习模型的消融实验 ································ 90
  6.5.1 多数据源统计 ·· 90
  6.5.2 任务可扩展性分析 ···································· 91
  6.5.3 模型实验及性能分析 ·································· 92
 6.6 小结 ·· 94
第 7 章 总结与展望 ·· 95
 7.1 本书总结 ·· 95
 7.2 未来工作 ·· 96
参考文献 ·· 97

第 1 章

绪 论

1.1 背景与意义

人工智能是时代发展的必然产物,并渗透到人类社会的方方面面,作为新一轮产业变革的核心驱动力,它在生产、经济、生活等各个环节都体现了重要作用和价值。计算机视觉技术作为人工智能领域重要的一环,它的发展与国家的科技进步息息相关。它利用机器来代替人眼对图像、视频等数据进行感知,从图像或多维数据中获取信息。计算机视觉作为一项重要的技术,它的应用领域非常广泛,比如工业、农业、娱乐业、医疗业和军事领域等,与人类社会发展进步、国家安全维护等都有着紧密的联系,具有广阔的发展前景[1]。

随着深度学习的出现,计算机视觉领域取得了突飞猛进的进步[2,3],它相比于传统算法而言展现出了一定的优势。传统的机器学习需要人为进行手工特征设计,而且模型的学习步骤烦琐,整个训练流程也不能实现端到端的输入输出,大部分情况下模型的精度也得不到保证。而深度学习尤其是卷积神经网络的出现,在一定程度上简化了模型的学习过程,在模型学习的速度与精度上都得到了提高,体现了深度学习强大的优越性[4]。

人体视觉理解技术是计算机视觉领域的重要组成部分,由于人类往往作为图片、视频等多媒体产物的核心研究对象,因此对图片或视频中的人体进行分析和理解无疑是有必要的。人体视觉理解是基于计算机视觉技术的一系列人体相关任务的综合,通过对于多个维度人体信息的分析,能够更好地促进对于图像、视频中与人相关内容的理解,图 1-1 所示为人体视觉理解包含的主要子任务。一般而言,对人体视觉数据进行结构化的技术都可以看作是人体视觉理解中的一个子任务,例如:人体(行人)检测[5-8]、行人跟踪[9,10]、人体实例分割[11,12]、人体解析[13-15]、人体姿态估计[16-18]、人体重识别[19,20]、动作识别[21-23]、密集姿态估计[24,25]、人脸生成[26,27]等。某些场景下经常需要预测目标人物的时空位置、相关行为以及着装等信息,因此人体视觉理解技术的应用领域十分广泛。例如在自动驾驶领域中可以对行人即将进行的活动作出判断,提前避免车祸的发生;在运动项目和舞蹈项目中可以利用人体姿态估计技术对运动员或舞蹈演员的动作进行分析学习,同时也便于教练和老师的示范和讲解；在 Smart Room 等场景下,利用人体视觉理解技术可以用来照顾老人小孩、医院患者或者监控监狱犯人；在 AR 领域中,该技术可以用来进行体态估计和辅助试衣；在游戏领域里,该技术可以用来对使用者进行姿态捕捉和表情分析等。

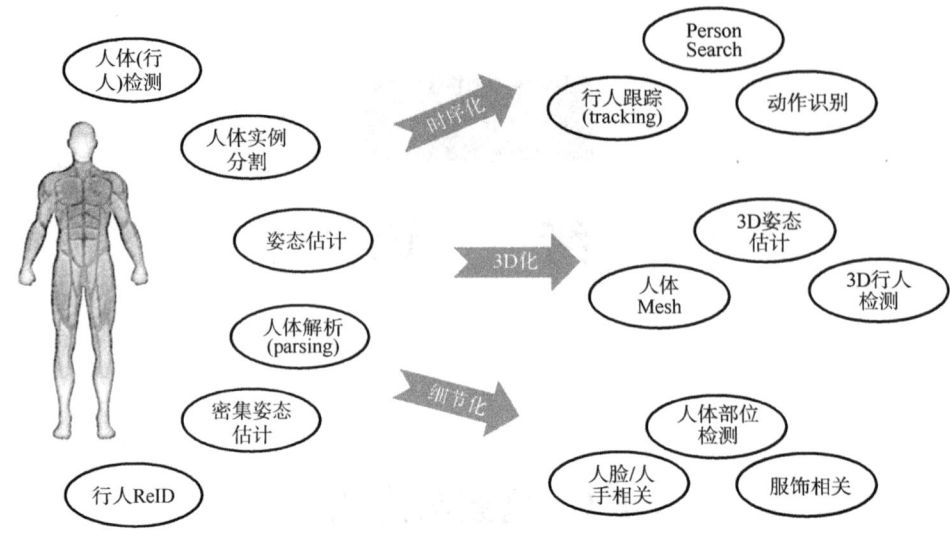

图 1-1　人体视觉理解的主要子任务

随着计算机视觉技术的迅速发展,主流的方式倾向于利用深度学习来解决计算机视觉中的人体视觉理解问题。但是深度学习方法需要大量的数据来进行模型训练,对数据具有严重依赖性,从而导致了模型学习结果的好坏在很大程度上取决于数据的质量。不仅如此,由于在很多情况下需要同时对多维度的人体信息进行理解,因此多任务学习[28-30]是十分必要的。

在多任务学习的研究中,单数据源多任务学习已经有了一套庞大且详细的研究体系,其中包含了众多卓越的研究成果,而对多数据源多任务学习的研究则仍然处于较为早期的阶段。因此在多任务学习中,大多数方法十分依赖于多维度标注的单数据源,如图 1-2(a)所示。例如 Xiao 等的工作[31]完成了场景、目标、部位、材质和纹理的多任务学习,并采用了多个数据标注维度,但这些标注都是基于单一数据源 Broden(Broadly Densely Labeled Dataset)而言的。类似的还有 Zamir 等[192]的工作,采用了约 600 座建筑物的 400 万幅室内场景图像构成的数据集,并为每张图像赋予了多个任务的注释,涵盖了 2D、3D 和语义等子任务,但依旧属于单一数据源。与之类似,如果想要采用端到端的方法完成人体视觉理解,也同样需要一个同时提供相应多维度标注的数据集,例如一个数据集同时提供人体检测、人体解析、人体姿态估计、人体重识别等维度的标注信息。

但是这样的数据集构建是十分具有挑战性的,因为不同维度标注对数据特性的要求有很大不同,甚至有些维度的标注需要时序型或者配合型的数据。而且在已有的数据集上扩展一个新的标注维度也是成本高昂的,需要将数据集中所有的样本都严格按照新的维度进行标注。另外一种解决方案是将多任务学习拆解为多个独立的单任务学习,即通过多个单任务学习的组合来完成复杂的多任务学习,如图 1-2(b)所示。这种方法需要对每一项单任务进行建模,分别进行模型的学习和训练,然而此方法会存在着几个很明显的问题。首先,最直观的就是这种逐项任务拆解、各个击破的方式会使得模型的学习效率低下;其次,这样做还会使得模型忽略多项任务之间的关联、冲突以及约束等关系。相反,多任务学习则可以有助于提高学习效率,只通过一个模型进行一次训练就能够同时完成多项任务的学习。因此,针对人体视觉理解任务,降低对单数据源的依赖,实现多数据源多任务学习是具有价值的。基于多数据源多任务学习的人体视觉理解技术的应用场景包括:

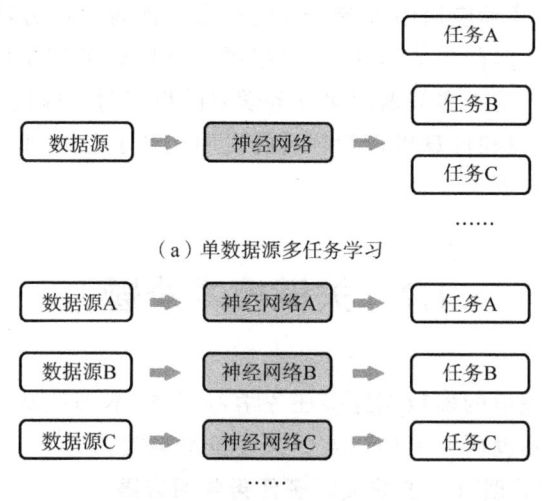

图 1-2 传统的多任务学习的两种方式

(1) 智能安防。在智能安防领域中人是重要分析目标,行人轨迹、人体实例分割、人体姿态估计、人体重识别等技术可以为安防提供重要的结构化数据。智能安防系统可以通过这些基于人体视觉理解的结构化数据来提供丰富的智能服务。例如,在一卡通场景中可以利用人脸识别和人体重识别等技术提供门禁管理、访客管理、考勤管理等身份判别功能;在综合管控的场景中可以利用行人轨迹和动作识别等技术提供事件联动、入侵报警等位置判定功能。安防场景需要使用到人体视觉理解的子任务众多,但是很多场景下的多维度标注数据难以获取,利用多数据源多任务学习可以降低模型对单数据源的依赖,灵活地实现智能安防领域中的人体视觉理解。

(2) 虚拟现实。三维人体动画的目的在于使三维人脸和人体模型可以实时地模拟人体运动,产生具有真实感的人脸表情和人体动作。随着多媒体和计算机网络等技术的快速发展,三维人体动画在新一代信息交互和数字娱乐产业中有着越来越广泛的商业应用前景,如电影特效、虚拟试衣和虚拟表情等。这其中需要用到人体视觉理解技术,例如人体三维模型的重建通常依赖于人体实例分割、人体姿态估计、密集姿态估计等技术。虚拟现实往往需要运行在边缘设备上,对模型的速度有较高的要求,因此通过多任务学习减少模型的数量是一种常见的技术手段。采用多数据源多任务学习技术,可以挖掘不同任务之间的关联性,提升模型训练和推理的效率。

(3) 智能驾驶。行人和驾驶员的实时分析是智能驾驶中的重要环节。行人是路面上的高危群体,人体视觉理解技术成为智能驾驶领域的一个研究热点。基于视觉的行人理解过程分为多个步骤:行人检测、行人识别和行人跟踪。将各个步骤生成的结构化数据,再结合路面信息和车辆信息,实现车辆对行人的避让。面向驾驶人的辅助驾驶系统,采用人体视觉理解技术保障安全驾驶。例如,监测驾驶人的眼部动作情况,应用于疲劳检测;监测驾驶人的手部运动,完成假设行为判断;监测驾驶人、乘客的姿势和头部位置,从而进行精准的气囊保护。智能驾驶对人体视觉理解技术的综合性能要求较高,需要大量的数据进行模型训练,包括仿真数据、模拟数据和真实数据,因此多数据源多任务学习是一项重要的技术手段。

综上所述,随着计算机和多媒体等技术的不断发展,人体视觉理解技术在智能安防、虚拟现实、智能驾驶等多个实际应用中有着广阔的前景。而现有的方法在面对多数据源多任务时,在训练和推理效率、多任务适用性、多数据源鲁棒性和可扩展性等方面仍有很多难点和亟待解决的问题。因此基于多数据源多任务学习的思想对人体视觉理解技术进行分析和研究,有助于推动机器学习和计算机视觉领域的发展。基于上述问题提出的解决方案,在理论和实际的角度上都具有重大意义。

1.2 关键技术难题

对于面向人体视觉理解的多数据源多任务学习问题,本书从基本模型、任务适用性、数据鲁棒性和可扩展性等角度研究了如下 4 个关键技术难题。

1. 缺乏用于人体视觉理解的多数据源多任务学习方案

现有的研究大多数是针对人体视觉理解中的某一项或几项子任务展开研究,并没有将其作为一个整体进行研究。在面对复杂的人体视觉理解任务时,现有的方案一般是采用单数据源多任务学习或者多个单任务学习组合的方法,缺乏可以端到端采用单一模型完成多数据源多任务人体视觉理解的方案,导致了模型训练和推理效率的低下。不同数据源的表示、分布、规模、密度等都会存在一些差异,这种差异性会不利于模型对特征的学习,甚至会产生负面效果。因此需要克服数据源之间存在的差异性,并寻找一个最优策略使之在多个数据源下有利于特征学习。在进行多任务学习时,由于不同任务之间对特征表达的要求是不一致的,导致多项任务之间存在隐含关联、冲突以及约束等关系,这些关系有时候会促进彼此的学习但是也可能影响到多任务的整体效果。因此需要对不同的任务进行有效的权衡,使多任务的学习达到一个最优效果。因而研究可以端到端采用单一模型完成多数据源多任务人体视觉理解的方法,并且能够降低多数据源的域差异性、提升多任务学习的效果,是一个关键性问题。

2. 网络特征表达能力不足以及多任务适应性不足

人体结构存在重要的先验信息,这些信息对于提取具有良好表达能力的人体特征至关重要。但是现有的工作忽视了人体部位之间的几何联系,导致模型人体建模能力的不足,特别是在网络的感受野较小时网络很难捕获长程的人体几何和上下文先验信息。并且在现有的方法中,全局语义信息大多是缺失的,导致多人场景中人与人的位置关系、人与场景的位置关系并没有被充分利用。因此,如何在人体视觉理解的基本模型中构建人体几何和上下文信息并引入全局语义信息是一个关键性问题。

3. 多数据源的鲁棒性问题

多数据源为人体视觉理解任务提供了丰富的数据以及多样的标注信息,但也带来了一些问题。首先,不同数据源的采集场景是不同的,彼此之间存在着潜在的域差异性;其次,不同数据源中人体实例的数量也是不一致的,人体实例的稀疏性差异会导致模型的训练变得不稳定,最终难以收敛到最佳结果;最后,不同数据源中人体实例的位置、尺度等信息也是不一致的,会导致模型优化困难,难以拟合大范围的人体位置变化和尺度变化。单一模型完成多数据源多任务人体视觉理解时都会面临上述问题,不对这些问题作出针对性分析和研究必然会导致模型性能出现退化。所以针对人体视觉理解任务,研究多数据源的鲁棒性问题十分关键。

4. 多数据源多任务学习的可扩展性挑战

面向人体视觉理解的多任务学习工作大多只进行了少量子任务的学习,一般不超过3个,这对于很多应用场景的要求而言是不够的。特别是人体视觉理解技术在实际应用时,往往需要对超过3个维度的人体信息进行建模和理解。并且在很多场景中,需要动态地添加新的数据源或者新的任务,这对多数据源多任务学习的可扩展性提出了挑战。新添加的数据源或者任务可能与现有任务或者数据源有着较大的差异。因此,研究多数据源多任务学习的可扩展性,特别是添加差异性较大的数据源或者任务时算法的泛化性,是一个十分必要的问题。

1.3 主要内容与创新点

本书针对人体视觉理解任务,提出利用一种多数据源进行多任务学习的方法,可以端到端地采用单一模型从多个数据源中对人体视觉信息进行建模和预测,如图1-3所示。

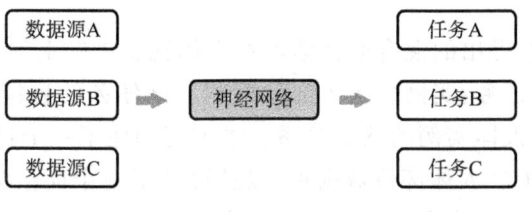

图1-3 多数据源多任务学习方法

本书还进一步提出了提升多任务适用性的解析区域卷积网络;并提出了多尺度激发感受野模块,用于增强多数据源的鲁棒性;为了验证本书方法的可扩展性,还提出了一个新的人体视觉理解子任务:实例级人体部位检测,并系统性地构建了最大的精准标注的人体部位检测数据集,并在此之上提出了相应的基准算法和评测指标。本书主要内容如下:

首先,本书基于多数据源多任务学习思想,提出了可以解决端到端人体视觉理解的基本模型:混合监督学习(Mix-Supervised Learning),记为 MSL。混合监督学习是一种共享主干的多任务学习架构,它采用区域卷积网络[32]作为基础,其中不同的任务可以共享同一主干网络,并且可以并行处理用于特定任务的网络分支。在本书中,使用混合监督学习的基本模型在不同的数据集上训练人体视觉理解模型,可以同时执行人体检测、人体实例分割、人体解析、人体姿态估计、密集姿态估计5个人体视觉理解子任务。多数据源之间会存在域差异性,导致人体视觉理解模型的优化变得更为困难。本书从人体视觉理解子任务相关性的角度出发,基于多任务学习中的迁移相关性思想,提出了实例级迁移学习方法。实例级迁移学习使用表现良好任务的模型参数进行其他任务的迁移,以便发挥多数据源的优势从而促进多任务学习。此外,对于多项任务的损失函数设计,本书并非单纯地只对多项任务的损失函数进行直接相加,而是基于多任务学习中损失加权的思想,提出了梯度均衡策略。梯度均衡策略有效地权衡了各项任务的训练比重,采用了简单而有效的损失权重计算方法解决多任务之间梯度冲突的问题。基于上述的改进,混合监督学习相对于传统的单数据源多任务学习和多个单任务学习组合方法,可以大幅降低模型训练和推理时间,并且获得效率和精度方面的改善。

其次,本书还重点研究了适用于人体视觉理解的网络结构,针对人体解析和密集姿态估计等任务进行分析并提出了解析区域卷积网络,从而提升了混合监督学习对多任务的适用性。本书对人体解析和密集姿态估计任务中人体几何和上下文信息的缺失、自上而下方法中缺少全局语义信息等问题进行了分析。针对上述问题,所提出的解析区域卷积网络通过几何和上下文编码模块、全局语义增强特征金字塔网络以及解析重评分网络的设计,有效地扩大了网络感受野并且可以捕获不同部位之间的关系,增强了多尺度特征的全局信息,同时能够更加精准地处理复杂的人体视觉理解子任务。

再次,为了提升混合监督学习对多数据源的鲁棒性,本书重新审视了空间注意力机制与网络感受野之间的关系,提出了可以增强网络的平移不变性和尺度不变性的注意力激发感受野模块。基于理论分析和实验验证,在人体检测、人体实例分割、人体解析、人体姿态估计、密集姿态估计5个人体视觉理解子任务上验证该模块对不同数据源的鲁棒性。通过将该模块嵌入到混合监督学习的主干网络中,可以为人体视觉理解问题捕捉到更多有价值的人体信息。

最后,为探究本课题提出的混合监督学习在人体视觉理解上的可扩展性,本书提出了一项新的人体视觉理解子任务:实例级人体部位检测。该任务的目标是在多人场景中检测每个人的部位位置及其与人体实例的从属关系。本书还构建了一个针对该任务的大型人体实例部位检测数据集:COCO人体部位数据集,以及设计了一个简洁的基准算法:层级区域卷积网络及其相关评价指标。将实例级人体部位检测任务作为一项子任务应用到混合监督学习中,在保证了实例级人体部位检测任务精度的同时不损害其他人体视觉理解子任务的性能,从而有效地验证了混合监督学习具有良好的可扩展性。

除此之外,本书提出的面向人体视觉理解的混合监督学习方法,在效率和精度方面全面领先现有的解决方案。具体而言,相较于数据蒸馏和分支级优化两种非端到端的多数据源多任务学习方法,混合监督学习对6个人体视觉理解子任务的平均预测精度超过这两种方法约15%,并且仅需要数据蒸馏方法三分之一和分支级优化二分之一的训练迭代次数。相较于基于Mask R-CNN[11]的多个单任务组合的方法,混合监督学习在人体检测、人体实例分割、人体解析、人体姿态估计、密集姿态估计以及实例级人体部位检测6个人体视觉理解子任务中,分别领先了2.8点、2.0点、9.2点、4.1点、9.8点和2.6点精度,平均领先幅度约为10%;并且在推理速度方面,混合监督学习是多个单任务组合的方法的3.8倍。

基于上述的研究内容,本书的创新点可概括如下:

(1)针对人体视觉理解的效率和精度问题,基于多数据源多任务学习思想提出了混合监督学习方法。混合监督学习是一种共享主干的多任务学习架构,可以端到端地采用单一模型从多个数据源中对人体视觉信息进行建模和预测,同时完成人体检测、人体实例分割、人体解析、人体姿态估计、密集姿态估计以及实例级人体部位检测 6 个人体视觉理解子任务。此外,混合监督学习还提出了基于多任务学习损失加权思想的梯度均衡策略和基于多任务学习迁移相关性思想的实例级迁移学习策略,突破了人体视觉理解中精度与效率不足的困境。

(2) 针对混合监督学习对人体视觉理解的多任务适应性问题,提出一个适用于构建人体几何和上下文信息以及增强全局语义信息的解析区域卷积网络。解决了人体建模能力不足以及全局语义信息缺失的问题,提升了人体视觉理解中人体解析和密集姿态估计等子任务的精度。

(3) 针对混合监督学习对人体视觉理解的多数据源鲁棒性问题,基于空间注意力机制与网络感受野之间的关系,提出了注意力激发感受野模块。注意力激发感受野模块能够增强网络的平移不变性和尺度不变性,从而提升了混合监督学习对多数据源的鲁棒性。

(4) 针对混合监督学习在人体视觉理解任务上的可扩展性问题,提出了一个新的人体视觉理解子任务:实例级人体部位检测,并系统性的构建了最大的精准标注的人体部位检测数据集。将实例级人体部位检测作为一项子任务集成至混合监督学习,有效地验证了混合监督学习的可扩展性。

本书提出的混合监督学习在人体视觉理解任务的效率和精度方面全面领先现有的解决方案。相较于两种非端到端的多数据源多任务学习方法,6 个人体视觉理解子任务的平均精度领先约 15%,训练迭代次数减少约 67% 和 50%;相较于多个单任务组合的方法,6 个子任务的平均精度领先约 10%,推理速度领先约 3.8 倍。

综上所述,本书系统性地研究了人体视觉理解任务的特性与挑战,基于多数据源多任务学习的思想提出了混合监督学习方法,并在基本模型、任务适用性、数据鲁棒性和可扩展性等关键问题上进研究并做出了创新性成果。通过大量的实验验证了混合监督学习在人体视觉理解任务效率和精度方面的优势。

1.4 本书结构安排

本书基于多数据源多任务学习的思想,针对人体视觉理解问题展开研究,在后续章节中先对人体视觉理解与多任务学习现状进行了概述,然后采用了从整体到局部、从细节完善架构的研究脉络。首先,在第 3 章中构建出基于多数据源多任务学习的人体视觉理解基本模型:混合监督学习,并完成了 5 项不同子任务的学习,为后续的研究奠定了基础。在第 4、5 章中,针对人体视觉理解的多任务适用性、多数据源鲁棒性,对混合监督学习的网络结构设计和模块设计进行了丰富和完善。其中,第 4 章所提出的解析区域卷积网络通过设计几何和上下文编码模块、全局语义增强特征金字塔网络以及解析重评分网络,解决了人体几何信息不足、全局语义信息缺失等问题;第 5 章提出的注意力激发感受野模块,可以通过空间注意力机制激发网络基本单元中的多级感受野,使特征具有更稳定的平移不变性和尺度不变性。通过有效的网络结构设计和模块设计,使基本模型的多数据源多任务学习能力得到进一步提高。最后,在第 6 章中为混合监督学习的基本模型进行的数据和任务进行扩充,验证了混合监督学习的可扩展性，并对通篇工作进行总结。各章研究内容与逻辑关系如图 1-4 所示，后续章节具体结构安排如下。

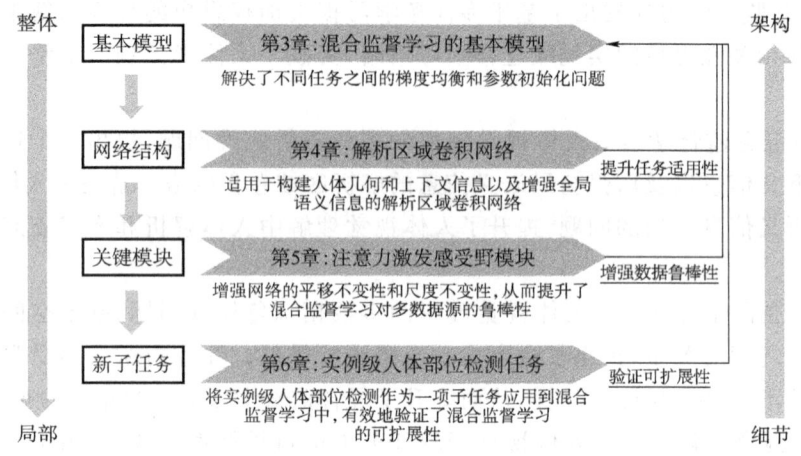

图 1-4　各章研究内容与逻辑关系

- 第 2 章 面向人体视觉理解的混合监督学习研究现状

本章对人体视觉理解进行了全面介绍，并且分别介绍了本书涉及的人体检测与人体实例分割、人体部位检测、人体解析、人体姿态估计与密集姿态估计任务的研究现状。本章还介绍了多任务学习的相关研究现状，为后续章节的研究奠定了基础。

- 第 3 章 混合监督学习的基本模型

本章基于多数据源多任务学习思想，设计了一个可以实现端到端人体视觉理解的基本模型：混合监督学习。混合监督学习的基本模型采用多种数据源来进行多任务学习，可以同时完成人体检测、人体实例分割、人体解析、人体姿态估计和密集姿态估计 6 个人体视觉理解子任务。本章还提出了基于多任务学习损失加权思想的梯度均衡策略和基于多任务学习迁移相关性思想的实例级迁移学习策略，用于突破人体视觉理解精度与效率不足的困境。最后将混合监督学习基本模型与现有的人体视觉理解方法进行对比，展现了其在效率和精度方面的优势。

- 第 4 章 用于混合监督学习的解析区域卷积网络

本章提出了适用于混合监督学习的网络结构设计方法：解析区域卷积网络。针对人体解析任务中人体几何和上下文信息不足以及全局语义信息缺失等问题，提出了解析区域卷积网络。通过几何和上下文编码模块、全局语义增强特征金字塔网络以及解析重评分网络的设计，有效地扩大了网络感受野，并可以捕获不同部位之间的关系，增强多尺度特征的全局信息，同时能够更加精准的处理复杂的人体解析任务。在人体解析和密集姿态估计两个任务的实验中验证了解析区域卷积网络相对于其他方法的有效性。

- 第 5 章 用于混合监督学习的空间注意力模块

为了提高混合监督学习在各个任务中的表现，本章中重新审视了空间注意力机制与网络感受野之间的关系，提出了简洁而高效的注意力激发感受野模块，它的作用是能够增强网络的平移不变性和尺度不变性。通过在多个具有挑战性的数据集中验证了注意力激发感受野模块的有效性。在人体检测、人体实例分割、人体解析、人体姿态估计和密集姿态估计等单任务的实验中,也验证了注意力激发感受野模块针对不同数据源的鲁棒性。将注意力激发感受野模块嵌入到 ResNet 构成 AirNet 网络,并将其作为混合监督学习的主干网络,各项人体视觉理解子任务的精度都取得了较好的改进。

- 第 6 章 混合监督学习的可扩展性探究

为探究混合监督学习的任务可扩展性,在本章中提出了一项新的人体视觉理解子任务:实例级人体部位检测任务,并且构建了一个大型人体实例部位检测数据集:COCO 人体部位数据集,以及设计了一个有效的基准算法:层级区域卷积网络及其相关评价指标。将实例级人体部位检测作为一项子任务应用到混合监督学习中,在保证了实例级人体部位检测任务精度的同时不损害其他子任务的性能,从而有效地验证了混合监督学习具有良好的可扩展性。最后通过实验,与基于 Mask R-CNN 的多个单任务组合的方法进行对比,证明了混合监督学习的效率与精度优势。

- 第 7 章 总结与展望

本章对面向人体视觉理解的混合监督学习进行了总结,并总结了本书的主要贡献。同时还探讨了作者已有工作存在的不足以及未来工作的开展方向。

第 2 章

面向人体视觉理解与多任务学习的研究现状

2.1 引言

随着深度学习的发展,计算机视觉技术已经在多个领域中得到应用。人体视觉理解技术作为计算机视觉领域的重要研究方向,有着十分广泛的应用前景。众多用于人体视觉理解子任务的数据集在收集方式、拍摄方式以及监督信息的维度上都不尽相同,这为深度学习模型对人体进行多维度理解造成了困难。本书提出的混合监督学习采用了多数据源多任务学习思想,在一定程度上放宽了对于多源数据中监督信息的要求,可以充分利用不同数据集中的标注信息。由上述观点可知,本书提出的面向人体视觉理解的混合监督学习本质上仍是一种多任务学习方法,因此本章将分别对人体视觉理解和多任务学习两方面的研究现状进行概述。

2.2 人体视觉理解相关研究

对人类来说,80%以上的信息获取是通过视觉系统进行的[1],随着深度学习的蓬勃发展,计算机视觉这一多学科交叉领域,一直以来致力于如何有效地获取图像或视频中的视觉信息,而以人体作为研究重心的工作是不可或缺的部分。人体视觉理解在计算机视觉领域是基于视觉的一系列人体相关任务的综合,通过对于多个维度人体信息的分析,能够更好地促进对于图像、视频中与人相关内容的理解。

在本章节中按照任务的复杂程度递进,分别介绍了人体检测与人体实例分割、人体部位检测、人体解析、人体姿态估计和密集姿态估计这 6 个人体视觉理解子任务。而这几个任务从不同角度解决了如何在图像中获得人以及人体部位的空间位置,以及如何表征人的局部和全局信息问题。

2.2.1 人体检测与人体实例分割

在计算机视觉的领域中，人体检测能够定位人体实例在图像中的位置，而人体实例分割相对于人体检测能够精确到人体的轮廓。

1. 人体检测

目标检测[33-38]能够同时估计给定图像中目标实例的类别和位置。目标检测是计算机视觉中的一个基本问题，且有许多重要的应用，如监控、自动驾驶、医疗决策以及机器人技术中的许多问题。

本节主要介绍通用目标检测中的人体检测。人体检测是任何智能视频监控系统中必不可少的重要任务。与物体检测相比，人体检测的某些属性与普通物体检测不同：①人体的结构更加规则，其纵横比几乎是固定的；②人体检测是现实世界中的任务，因此通常会出现拥挤、遮挡和模糊等挑战；③由于背景复杂，人体检测中存在更多的困难负样本。

1) 通用目标检测方法

目标检测器通常可以分为两类：一类是两阶段检测器，最具代表性的是 Faster R-CNN[34]；另一类是单阶段检测器，例如 YOLO[35]、SSD[36]。两阶段检测器具有较高的定位和物体识别精度，而单阶段检测器则具有较高的推理速度。两阶段检测器的两级可以由感兴趣区域(Region of Interest, RoI)和池化层进行划分。例如，在 Faster R-CNN 中，第一阶段称为区域候选网络(Region Proposal Network, RPN)，它提出候选目标的边界框。第二阶段，通过 RoI 池化(RoIPooling)操作从每个候选框中提取特征，然后对其进行分类和边界框回归。而单阶段检测器无须生成候选区域，即可直接从输入图像中预测检测框，因此拥有较快的速度，可用于实时场景。

2) 人体检测方法

基于深度学习的人体检测方法显示了出色的性能，并在公共基准测试中取得了最佳的成果。Angelova 等提出了一种使用级联卷积网络的实时人体检测框架[39]。Zhang 等提出了基于决策树的框架[40]，使用多尺度特征图来提取行人特征，然后将其输入到增强型决策树中进行分类。为了减小人体尺寸变化的影响，Li 等提出了尺寸感知 Fast R-CNN[5](Scale-aware Fast R-CNN)，将多个内置网络插入整个检测框架，使用不同的子网检测不同尺度的人体实例。

此外，Yang 等[41]将尺度依赖池化(Scale Dependent Pooling, SDP)和级联剔除分类器(Cascaded Rejection Classifiers, CRC)插入 Fast R-CNN 中以处理人体比例问题。根据实例的高度，SDP 从合适的比例特征图中提取区域特征，而 CRC 剔除浅层网络中的简单负样本。Wang 等[6]认为人体检测中对于非极大值抑制(Non-Maximum Suppression, NMS)的触发敏感性会导致更多的漏检和误检，从而提出了排斥损失(Repulsion Loss)，使得候选框更加接近所对应的真实目标框，而远离周围的目标。基于他们的想法，Zhang 等[7]提出了侵略性损失(Aggression Loss)，用于优化遮挡感知区域卷积网络(Occlusion-aware R-CNN)，该损失函数鼓励候选框与真实目标框和具有相同目标的其他候选框接近。

Mao 等[42]通过将额外的特征聚集到检测器中进行共同优化，提高了人体检测的精度。传统的目标检测大多基于滑动窗口或先验框的方式，而无论哪个方法都需要繁杂的配置。

Liu 等[43]提出了一种全新的中心和尺度预测检测器(Center and Scale Prediction,CSP),以人体检测为例,创造了一个高级语义特征检测的新视角。CSP 放弃了传统的滑动窗口检测方式[44],通过卷积操作直接预测行人的中心位置和尺寸大小,结果表明 CSP 在准确率和速度上都有显著提高。

一直以来,遮挡问题严重影响了识别、检测等诸多计算机视觉系统的性能。Hou 等[45]提出了多视角检测(Multi-View Detection,MVDet)模型,通过联合考虑多个视角,极大缓解了遮挡对检测系统的影响。并且,MVDet 中还提出了一个新的仿真数据集 Multi-viewX,其提出的多相机检测模型,也可以应用在保持社交距离领域中,对抗击疫情提供技术层面的支持。

3) 人体检测数据集

在本节中,首先介绍 6 个用于行人体检测的广泛使用的数据集(CityPersons[46]、Caltech[47]、ETH[48]、INRIA[49]、CrowdHuman[50]和 KITTI[51]),然后介绍其评估指标。

(1) 数据集。CityPersons 是语义分割数据集 CityScapes 中用于人体检测的子集,其在德国的多个城市中采集了 5 000 张图像,共 35 000 人,且提供了所有人的边界框标注和可见部分的标注。Caltech 是人体检测中最受欢迎和最具挑战性的数据集,该数据来自大约 10 个小时的 30 Hz VGA 视频,视频由汽车行驶在洛杉矶市区的街道进行录制。ETH 包含 3 个视频共计 1 804 帧图像,通常用作测试集,以评估在 CityPersons 等数据集上训练的模型性能。INRIA 包含 2 120 张高分辨率图像,其中 1 832 张用于训练。CrowdHuman 是用于评估密集场景下人体检测的基准,提供了 24 370 张图像和超过 470 000 个人体实例,平均每张图像包含超过 23 个人体。KITTI 包含 7 481 张分辨率为 1 250×375 像素的训练图像和另外 7 518 张用于测试的图像。KITTI 中与人相关的目标被分为两个子类别:行人和自行车骑行者。

(2) 评估指标。对于 CityPersons、INRIA 和 ETH 数据集,一般使用 9 个点的对数平均未命中率用于评估检测器的性能。KITTI 采用具有 0.5 交并比(Intersection over Union,IoU)阈值的 mAP(Mean Average Precision)作为评估指标,IoU 的计算方法如下:

$$\text{IoU}(b_{\text{pred}}, b_{\text{gt}}) = \frac{\text{Area}(b_{\text{pred}} \cap b_{\text{gt}})}{\text{Area}(b_{\text{pred}} \cup b_{\text{gt}})} \tag{2-1}$$

人体检测仅关注粗略的人体位置,而没有对人体的轮廓信息、姿态信息、密集姿态信息和部位信息等人体的复杂信息进行分析,因而属于较为基础的人体视觉理解子任务。

2. 人体实例分割

人体实例分割可以被定义为同时解决人体检测和语义分割问题的技术,它的目的在于预测图像中每个人体实例的像素级掩膜[11,52-55]。

1) 人体实例分割方法的分类

(1) 基于检测的实例分割方法。基于检测的人体实例分割方法,一般先预测人体的边界框,然后在框内进行人体掩膜的分割。

在基于检测的方法中最为成功的技术之一是 Mask R-CNN[11]。Mask R-CNN 使用掩膜分支扩展了 Faster R-CNN 算法。Mask R-CNN 易于训练,具有良好的泛化性,并且相对于 Faster R-CNN 仅增加了很小的计算开销。基于 Mask R-CNN[12,56]的实例分割方法在大部分实例分割基准中显示出卓越的效果。

Chen 等[56]提出了一种用于实例分割任务的自下而上的路径增强框架,旨在提高语义信息的流动,并提升了网络的特征表达能力。在网络底层使用与目标位置相关的监督信息,使得网络底层特征和网络顶层特征之间的信息路径更短。

Chen 等[58]综合了自上而下和自下而上的方法,利用实例级信息对每个像素点的预测进行裁剪和加权输出。该研究认为前面的工作都没有很好地处理顶层和底层的特征。顶层特征包含整体的实例信息,而底层特征则保留了更好的位置信息。该研究的重点在于如何合并这两种特征,并提出了将检测和掩膜分割相结合的方法。

(2) 基于像素聚类的实例分割方法。该方法使用了语义分割中的技术,对每张图像像素进行分类标记之后,再使用聚类算法将像素分组至人体实例。该方法得益于语义分割的快速发展,可以预测高分辨率的人体掩膜。但与基于检测的实例分割技术相比,该方法在常用基准上的准确性较低,且由于语义分割需要密集输出,因此通常需要更多的计算能力。

(3) 基于密集滑动窗口的实例分割方法。对于未知类别的掩膜生成技术,例如 DeepMask[59,60],InstanceFCN[61]等使用 CNN 通过密集的滑动窗口技术生成候选掩膜。而 TensorMask[62]使用不同的体系结构,将多个类别的分类与掩膜预测并行进行。

2) 实例分割数据集

下面描述了一些主流的用于实例分割的大型图像数据集。

(1) COCO2017 数据集。COCO2017[63]数据集是用于目标检测和实例分割的大型图像数据集。该数据集具有很多子任务,其中的目标检测任务与实例分割任务在数据标注逻辑上基本一致。这两个任务都具有 80 个目标类别,且提供 82 783 张训练图像,40 504 张验证图像和 80 000 张测试图像。

(2) Cityscapes 数据集。Cityscapes 数据集[64]采集了大量城市街道场景图像。它着重于对街道场景的语义理解。数据集提供语义分割、目标检测和实例分割标注,包含 30 个实例类别以及 8 个场景类别。Cityscapes 数据集包含约 5 000 张带有精细标注的图像和 20 000 张带有粗略标注的图像。

(3) Mapillary Vistas 数据集(MVD)。Mapillary Vistas 数据集(MVD)[65]是另一个大型街道场景图像数据集,它包含 25 000 张共 66 个类别的带标注图像。其图像使用掩膜的方式,并通过多边形划定不同的对象来完成实例分割标注。该数据集中的图像是使用不同的设备(例如手机、相机等)与不同的摄影师捕获的。

人体实例分割相较于人体检测能够定位到更细致的人体边缘,能够获取到更加细节的人体信息。但由于人体实例分割任务并未考虑到人体内部的语义信息,而是将人体看作一个整体进行分割,因而获取的信息较为粗略。

2.2.2 人体部位检测

人体部位检测是人体视觉理解的一项重要子任务,引起了越来越多的关注[66-68]。人体部位的精确位置在面部关键点检测[69-71],手部关键点检测和手势识别[72-74],人物交互[75-77]和虚拟现实[21]中都存在着广泛的应用。

现代目标检测器在几个主要基准[63,78]上已取得了卓越的性能。然而由于缺少用于人体部位检测且标注丰富的大规模数据集,一些研究[74,79]不得不使用关键点来估计人体部位(尤其是手和脚)的边界框,这显然是非常不准确的。此外,人体实例与人体部位之间的从属关系是未知的,无法确定检测到的部位属于哪个人体,因而同时检测人体实例及其部位,并预测它们之间的从属关系仍然是一个挑战。

1. 人体部位检测方法

1)非深度学习时代的人体部位检测

人体部位检测最初的工作重点是检测单独的部位,在此之后已经提出了一些用于人体部位检测和人体姿态估计的工作。一些特征提前方法在人体部位检测中发挥出了很大的价值,例如方向梯度直方图(Histogram of Oriented Gradient, HOG)形状特征[80]、边缘特征[81]和Haar小波[82]。

为了处理人体的关节结构,Felzenszwalb等[83]提出了使用人体部位组成人体建模的图形结构。这种方法及其变体[84]在人体部位检测中非常成功,但是要捕获人体姿态的变化,则需要进行大量的训练。Jiang等[85]提出了一种使用树形结构的10个部位的人体检测器。以这种方法为基础,Lu等[86]提出了一种基于光流的轨迹跟踪来总结和描绘人体运动的方法。Fragkiadaki等[87]提出了一种分割检测算法,该算法在人体部位检测和多帧运动分组之间共享信息,以改善人体姿态估计和人体跟踪效果。但是由于传统机器学习算法的局限性,这些方法都不足以处理复杂场景下的人体部位检测。

2)深度学习时代的人体部位检测

近年来,深度学习在计算机视觉领域中发挥着重要的作用。深层神经网络包含多个隐藏层,这些层允许计算更复杂的特征,并且比浅层网络具有更好的表达能力。因此,许多研究人员已经将深层网络用于人体部位检测。Chen等[67]提出了一个HeadNet网络结构,以利用人体部位的相关性,通过多任务方式[71,88]同时检测人体及其头部、肩膀和上身。但是在严重遮挡的情况下,行人和人体部位联合检测的性能仍然不能令人满意。为此,Gu等[89]提出了一种身体部位索引特征(Body Part Indexed Feature, BPIF)来编码各个人体部位(即头部、头肩、上身和整个身体)之间的语义关系,从而提高了针对人体部位甚至完全遮挡的身体部位的检测。

2. 人体部位检测数据集

截止到2024年,存在一些工作构建了用于人体部位检测的数据集,可以将这些数据集划分为单类别数据集和多类别数据集。

1)单类别数据集

单类别数据集主要对人的头部、手或脚的某一个类别进行了标注。对于手部检测,Visual Geometry Group引入了VGGHand数据集[90],并成为手部检测的最关键基准。Bambach等[72]提出EgoHands是另一个重要的手部检测数据集,该数据集具有高质量的手部像素级分割标注。Narasimhaswamy等[68]提出了两个手部检测数据集,TV-Hand和COCO-Hand。TV-Hand的一半数据不包含任何手部,另外一半包含一个或两个手部。COCO-Hand数据集是COCO2017数据集的子集,该数据集有26 499张图像,共45 671张手部图片,但是只有少数(4 534张图像,10 845只手)被正确标注,其余的则通过半自动方法进行标注。人体脚部检测是一项罕见的任务,通常用于人体轨迹预测[91]和脚部关键点检测[79]问题。Cao等[79]提出了COCO Foot数据集,它是一个约有15 000个人体脚部实例和6个脚部关键点的小型数据集。

2）多类别数据集

与上述工作不同，多类别数据集致力于提供更全面的人体部位检测数据，包括但不限于头部、面部、手部和足部等多个类别。Li 等[66]提出了人体部位数据集（Human Parts Dataset），其中包含人体、手和脸三类标注。这是一个专注于人体部位检测的大规模数据集，提供带有 106 879 个检测标注的 14 962 张高分辨率图像，其图像由 AI Challenger 数据集中随机选择得到[92]。OpenImage[93]是具有人体部位检测标注的大型数据集，其用于人体部位检测的子集包含约 823 077 张图像和 5 个人体部位类别（人、头、脸、手和脚），并具有 470 万个检测标注。该数据集是最大的人体部位检测数据集，但其存在严重的数据噪声、标注极不平衡以及缺乏从属关系等问题。

人体部位检测任务在人体检测任务的基础上关注了粗略的人体部位的位置信息，但是这一粗略的结果不足以理解图像中深层的人体信息。因而在人体部位检测的基础上，为了实现更为细节的人体视觉理解，需要对于人体部位的像素级语义信息进行识别。

2.2.3 人体解析

人体解析的目的是将图像中的人体依照语义类别，对人体部位和服饰等进行像素级分类，是一项细粒度的语义分割任务。

1. 人体解析方法

本节将人体解析的方法分为 3 种：①非深度学习时代的单人人体解析；②深度学习时代的单人人体解析；③多人人体解析。

1）非深度学习时代的单人人体解析

非深度学习时代的单人人体解析方法一般与人体姿态估计方法一起进行研究。这两个任务是人体视觉理解的两个主要子任务，并作为许多应用的基础。尽管它们的侧重点不同，但这两项任务是高度相关和互补的。一方面，大多数人体姿态估计工作通常基于关键点将身体分为多个部位[94]。但是，这种基于关键点的分解会忽略服装的影响，而服装的影响会显著改变人的外观和形状。在这种情况下，人体解析的结果可以提供有价值的上下文信息用于定位被遮挡的关键点。另一方面，可以将人体解析公式化为条件随机场（Conditional Random Field，CRF）中的推论[95,96]。如果没有诸如人的姿态这样自上而下的信息，CRF通常难以使用局部线索来区分歧义区域。对于人体姿态估计和人体解析这两个任务，它们的内在一致性尚未得到充分的探索，这阻碍了这两个任务相互受益。早期的一些工作[97,98]将这两个任务顺序执行或迭代执行，但这种方式并不是最佳的，因为一个任务中的错误可能会对另一项任务产生负面影响。

Yamaguchi 等[97]依次进行了人体姿态估计和属性标记，以进行服装解析。这样的顺序方法可能无法捕获人的外观与结构之间的相关性，从而导致效果不理想。Dong 等[95]提出了在结构学习框架下直接进行人体解析的 Parselets 方法。Torr 和 Zisserman[98]提出了一种在 CRF 框架下进行人体姿态估计和人体部位标记的方法，可以认为是人体解析和人体姿态估计相结合的延续。由于该模型的复杂度过高，难以直接进行优化，因此需要首先生成一组姿态候选对象，然后在此受限的候选对象集中确定最佳像素标记，从而进行优化。Dong 等[13]提出了一个基于并或图（And-Or Graph，AOG）的统一框架，通过使用 Parselets 和混合关联组模版(Mixture of Joint-Group Templates，MJGT)作为语义部位的表示，实现了基于语义信息的人体解析和人体姿态估计。AOG还设计了一种新颖的网络结构，有效地捕获 Parselets 和 MJGT 之间/之内的空间共现/遮挡信息，利用人体解析和人体姿态估计的相互补充性质来提高彼此的性能。

2）深度学习时代的单人人体解析

通过使用卷积神经网络和递归神经网络改进特征的表达，人体解析出现了许多新的研究。基于CNN架构为了捕获丰富的结构信息，常见的解决方案包括CNN和CRF的组合[99,100]和多尺度特征表达[101,102]。Liang等[14]提出了一种新颖的情境化卷积神经网络(Contextualized Convolutional Neural Network，Co-CNN)方法，该方法将图像上下文的多个层级信息集成到一个统一的网络中。Chen等[101]提出了一种注意力机制，可以在每个像素位置学习加权的多尺度特征。Gong等[103]提出了一种基于自监督方式的结构敏感的学习框架，将人的姿态结构添加至解析结果而无须借助额外的监督，并引入结构敏感损失(Structure-Sensitive Loss)用以从联合结构的角度评估解析结果的质量。

在不强加人体结构先验的情况下，这些基于自下而上的外观信息的一般方法有时会产生不合理的结果(例如右臂与左肩相连)。而且这些工作都只专注于相对简单的单人人体解析，而没有考虑现实世界中常见的多人场景。

3）多人人体解析

多人人体解析是多媒体和计算机视觉中的一项基本任务，旨在分割各个人体部位并同时将每个部位与相应的实例关联。由于人体外观的多样性，所处背景的复杂性以及身体不同部位的语义模糊性，多人人体解析是一项非常具有挑战性的任务。它在以人为中心的分析和应用中起着至关重要的作用，例如人体重识别、动作识别、人物交互和虚拟现实。

由于卷积神经网络的成功发展，在多人人体解析中取得了长足的进步。当前的最新方法可以分为3种：自下而上的方法、一阶段自上而下的方法、两阶段自上而下的方法。

(1) 自下而上的方法。自下而上的方法[104-106]将多人人体解析视为细粒度的语义分割任务，该任务可预测每个像素的类别并将其分组为相应的人体实例。这一系列方法在语义分割指标上将具有更好的性能，但是在人体解析的指标上却表现不理想，尤其容易混淆相邻的人体实例。Gong等[104]首次提出了一种免检测的零件分组网络(Part Grouping Network，PGN)，将实例级的人体解析重构为两个子任务，通过一个统一的网络共同学习。其中，语义人体分割部分用于给每个像素预测背景或者人体类别，实例感知边缘检测部分可将人体部位分配至不同的实例。He等[106]提出了一种新颖的图金字塔相互学习(Graph Pyramid Mutual Learning，Grapy-ML)方法，通过堆叠从粗粒度到细粒度的三层图结构，设计出图金字塔模块(Graph Pyramid Module，GPM)，在每个级别利用自我注意力机制对上下节点之间的相关性进行建模，以实现具有不同粒度的跨数据集人体解析。Gong[105]等在常规解析网络上结合了分层图迁移学习，以对底层标签的语义结构进行编码并传播相关的语义信息，从而预测所有级别的解析标签，而无须增加复杂性。

与自下而上方法不同，一阶段自上而下[15]和两阶段自上而下方法[107-110]在图像平面中定位每个实例，然后独立地分割每个人体部位。自上而下的方法非常灵活，可以轻松地引入增强模块或与其他人体视觉理解任务一起训练。因此，它已成为多人人体解析的主流研究方向。一阶段和两阶段之间的区别在于,检测器是否用端到端方式与人体部位分割的子网络一起训练。

（2）一阶段自上而下的方法。解析区域卷积网络（Parsing R-CNN）[111]是第一个成功应用的一阶段自上而下的多人人体解析方法。Parsing R-CNN通过综合考虑基于区域的方法的特点和人的外观来同时处理一组人体实例,从而可以学习实例的外观信息。RP R-CNN[112]致力于解决自上而下方法中缺少全局语义信息的问题,引入了全局的语义增强特征金字塔网络（Global Semantic Enhanced Feature Pyramid Network, GSE-FPN）和解析重评分网络（Parsing Re-Scoring Network, PRSN）。GSE-FPN激励语义监督信号直接传播到特征金字塔,以促进多尺度特征的全局信息。在此基础上,使用PRSN来感知实例解析图的质量并给出准确的分数。

（3）两阶段自上而下的方法。在两阶段的自上而下方法中,Ruan等[107]提出了用于编码多尺度上下文信息的边缘感知上下文嵌入（Context Embedding with Edge Perceiving, CE2P）框架来进行单人的人体解析。Liu等[108]提出了一个由语义抽象网络和细节保留网络组成的交错网络,通过学习互补的语义和细节,进行细粒度的人体解析。Ji等[109]设计了一种用于人体解析的新型语义神经树来编码人体结构,以级联的方式设计从粗糙到精细的过程,同时引入语义聚合模块来组合多个分层特征,从而利用更多的上下文信息以提高性能。

2. 人体解析数据集

在本节中将介绍人体解析领域的大型数据集,其中包含单人人体解析数据集和多人人体解析数据集。

1）单人人体解析数据集

Gong等[103]提出了一种新的大规模基准测试和评估数据集：Look into Person（LIP）,以推进人体解析的研究,该数据集提供了50 462张带有像素级标注的图像,共包含19个人体部位标签。

2）多人人体解析数据集

为了对更具挑战性的多人人体解析任务进行基准测试,Chen等[113]提出了PASCAL人体部位数据集（PASCAL-Person-Part Dataset）,其中包含1 716张用于训练的图像和1 817张用于测试的图像。之后,标注被合并为包括6个人体部位类别,即头部、躯干、上/下臂、上/下腿和一个背景类别[102]。

Gong等[104]构建了一个人群实例级人体解析（Crowd Instance-level Human Parsing, CIHP）的大规模数据集。该数据集拥有38 280张多样化的人体图像,其图像提供20个类别的实例级人体解析标注,且包含重度遮挡、各种外观变化和各种尺度的人体实例。CIHP数据集平均每张图像中包含3.4个人体实例,且所有图像中均包含两个或两个以上人体实例。其中的19个语义人体部位标签是帽子、头发、太阳镜、衣服、裙子、外套、袜子、裤子、手套、围巾、裙子、躯干、脸部、右/左臂、右/左腿和右/左鞋。CIHP对传统边缘检测使用了基于固定轮廓阈值（Optimal Dataset Scale, ODS）和每张图像最佳阈值（Optimal Image Scale, OIS）[114]的评估方法。在实例级人体解析方面,CIHP采用mAP指标,称为AP^r[115]。

MHP-v2[15]是另外一个大规模多人人体解析数据集。MHP-v2包含25 403张图像,提供了58个人体解析标签。其中15 403张图像用于训练,各5 000张图像用于验证和测试。每张图像包含2至26人,包含不同的视角、姿势、遮挡、交互和背景。

人体解析任务针对人体的像素级语义信息进行处理,相较于人体实例分割、人体部位检测等任务更加复杂,同时获取到的人体信息也更加丰富。但是为了进一步的获取人体的细节信息,如关键点和密集点信息,则需要进行人体姿态估计和密集姿态估计捕捉更细粒度的人体姿态信息。

2.2.4 人体姿态估计与密集姿态估计

1. 人体姿态估计

人体姿态估计任务就是以图像为基础,重建人的关键点和肢干,其难点主要在于降低模型的复杂程度,并能够适应各种多变的情况。

1) 人体姿态估计方法

人体姿态估计可根据图像或视频来计算人体关键点的位置。本书将人体姿态估计方法归类为单人姿态估计和多人姿态估计。

(1) 单人姿态估计。单人姿态估计是指在输入图像中定位单人的人体关键点位置。对于具有更多人的图像,需要采用裁剪原始图像等预处理方法。一般的单人姿态估计方法可分为两类:基于回归的方法和基于热图的方法。

基于回归的方法通过端到端的框架,学习从图像到人体关键点坐标的映射,并且通常直接产生关键点坐标。Luvizon 等[16]提出了一个 Soft-Argmax 函数,将热图转换为数值坐标,该坐标可以将基于热图的网络转换为可微分的基于回归的网络。Nibali 等[116]设计了一个可微分的空间到数值变换(Differentiable Spatial to Numerical Transform,DSNT)层,可以根据热图计算坐标,将该坐标与低分辨率热图配合使用,以获得更为精细的结果。由于直接从几乎没有约束的图像中预测关键点坐标非常困难,因此 Carreira 等[17]提出了一个基于 GoogleNet 的迭代错误反馈网络(Iterative Error Feedback Network),该网络递归地处理输入图像和输出结果的组合,迭代后改善了初始姿态预测结果。Sun 等[18]提出了一个结构感知回归方法(Structure-aware Regression Approach),利用包含身体结构信息的关节表示取代关键点表示法,以获得比仅使用关键点位置更稳定的结果。Luvizon 等[23]设计了一个网络用于共同处理姿态估计和视频序列中的动作识别。

基于热图方法的目的在于预测身体部位或关键点的位置,通常由检测框或热图[117,118]进行表示,一些方法主要通过改进经典网络来更好地利用输入信息。Newell 等[117]提出了一种使用残差模块作为组成单元的堆叠式沙漏架构。Wei 等[118]提出了一个多阶段的预测框架,在每个阶段都传入输入图像。Yang 等[119]设计了一个金字塔残差模块(Pyramid Residual Module,PRM)来替代沙漏网络的残差模块,通过学习各种尺度的特征来增强网络的尺度不变性。为了在整个网络中保持高分辨率的特征表达,Sun 等[120]提出了一种多尺度特征融合的高分辨率网络(High-Resolution Network,HRNet)。不同于早期的将检测到的身体部位拟合到人体模型中的工作,一些工作试图将人体结构信息编码为网络。Chu 等[121]用更复杂的模块替换了 Hourglass 网络的残差模块,将条件随机场用于注意力机制,作为学习人体结构的中间监督信息。在 Hourglass 网络的基本框架上,Tang 等[122]设计了用于中间监督的人体部位的分层表示,从而取代每个关键点的热图,使网络学习自下而上和自上而下的人体结构。

(2)多人姿态估计。与单人姿态估计不同,多人姿态估计需要同时进行人体检测和单人姿态估计任务。与多人人体解析方法类似,多人姿态估计可分为自上而下和自下而上的两种方法。

自上而下方法的大多数研究都基于现有人体检测框架,例如 Faster R-CNN、Mask R-CNN、FPN[123]等。该方法通常使用目标检测器在输入图像中获取一组人体边界框,然后直接利用现有的单人姿态估计方法来预测人的姿态,其预测的人体姿态精度很大程度上取决于人体检测的精度,且运行时间与图像中的人数成正比。

自下而上的方法可以直接预测所有人的所有关键点,然后将它们组装成单个人体骨架。自下而上方法的主要组成部分包括人体关键点检测和关键点分组,大多数算法分别处理这两个组件。DeepCut[124]使用基于 Fast R-CNN[33]的人体关键点检测器来检测所有人体候选关键点,再将每个部位标注为其对应的关键点类别,然后将这些关键点组装为完整的骨架。DeeperCut 通过使用基于 ResNet[3]的更强大的人体关键点检测器,提出了候选对象之间的几何和外观约束,对 DeepCut 进行了改进。OpenPose[79]使用卷积姿态机(Convolutional Pose Machine,CPM)来预测具有部分亲和力场(Part Affinity Fields,PAF)的所有候选人体关键点。其提出的 PAF 可以对肢体的位置和方向进行编码,用以将估计的关键点组装成不同的人体实例。Nie 等[125]提出了一个姿态分割网络(Pose Partition Networks,PPN)来进行检测和关键点分割。

2)人体姿态估计数据集

本节介绍了主流的用于 2D 人体姿态估计的数据集,以及其特征和评价指标。

(1)数据集。Andriluka 等[126]提出的 MPII 数据集提供了丰富的人体姿态标注,是用于评估人体姿态估计算法的主流基准。MPII 包括 16 个身体关键点,包括头部和躯干的 3D 视点以及眼睛和鼻子的位置。MPII 中图像的人体具有各种姿态,适合许多任务,例如 2D 单/多人姿态估计、动作识别等。COCO2017 数据集除了提供目标检测和实例分割的标注信息外,还针对人体类别提供了人体姿态估计标注。本书将这部分提供人体姿态标注的子集称为 COCO-K (COCO Keypoints),COCO-K 每个人的标注包括 17 个带有可见性标签的身体关键点。Wu 等[92]提出的 AI Challenger 人体姿态估计数据集拥有最大的训练集。其中的图像着重于人们的日常生活,每个人都拥有一个边界框和 14 个关键点标注,以及可见性等标签。

(2)评价指标。不同的数据集具有不同的特征和不同的任务要求(单个/多个人体姿态估计),因此对于 2D 姿态估计有多种评估指标。

正确部位百分比(Percentage of Correct Parts,PCP)[127]广泛用于早期研究,用来评估肢体的定位精度。如果肢体的两个端点都在相应真实端点的阈值以内,则判定该肢体已正确定位,其阈值一般设置为肢体长度的 50%。正确关键点百分比(Percentage of Correct Keypoints,PCK)[128]衡量了人体关键点定位的准确性。如果候选人体关键点在真实关键点的像素阈值之内,则认为预测是正确的。对于多人场景,则必须先解决人体检测问题,因此与目标检测相似的平均精度(Average Precision,AP)评估方法被采用。在 AP 指标中,如果预测关键点与真实关键点的相似度在给定阈值之内,则将其标记为正确。一般采用目标关键点相似度(Object Keypoints Similarity,OKS),来计算 AP 指标中预测关键点和真实关键点的相似度。此外,COCO-K 数据集中还给出了具有不同人体比例的 AP/AR 指标。表 2-1 总结了以上所有评估指标。

表 2-1　人体姿态估计评价指标整理

指标	含义	主要数据集及描述	
单人			
PCP	预测正确部位的比例	LSP	部位端点在阈值内的正确预测百分比
PCK	预测正确的关键点的比例	LSP MPII	关键点处于阈值内的正确预测百分比
多人			
AP	平均精度	MPII	在通过 PCKh 分数将预测姿态分配至真实姿态后,通过每个部位的 AP 计算平均 AP(mAP)
		COCO-K	• AP_{COCO}:当 OKS=0.50:0.05:0.95(主要基准) • AP_{COCO}^{OKS}:OKS=0.50(较宽松基准) • AP_{COCO}^{OKS}:OKS=0.75(较严格基准) • AP_{COCO}^{medium}:对于中等目标:$32^2<area<96^2$ • AP_{COCO}^{large}:对于大型目标:$area>96^2$
AR	平均召回率	COCO-K	• AR_{COCO}:当 OKS=0.50:0.05:0.95(主要基准) • AR_{COCO}^{OKS}:OKS=0.50(较宽松基准) • AR_{COCO}^{OKS}:OKS=0.75(较严格基准) • AR_{COCO}^{medium}:对于中等目标:$32^2<area<96^2$ • AR_{COCO}^{large}:对于大型目标:$area>96^2$
OKS	目标关键点相似度	COCO-K	与 AP/AR 的交并比(IoU)相似

人体姿态估计任务通过获取图像中人体的关键点位置信息,从而能够对 2D 的人体信息进行简单建模和分析。但是 2D 的人体信息不能够囊括和表示现实世界中 3D 的人体信息,因而人体姿态估计任务具有一定的局限性。为了更好地表示现实世界中的人体,密集姿态估计任务就显得至关重要。

2. 密集姿态估计

密集姿态估计是一项具有挑战性的任务,该任务需要更具体的实例级别的人体细节,旨在建立 2D 人体像素与 3D 人体表面之间的对应关系。而这种对应关系的建立具有很大挑战性,尤其是在具有遮挡和尺度变化的复杂真实场景中。

1) 密集姿态估计方法

一些工作[24,129,130,131]致力于将 RGB 图像映射到 3D 人体表面。Bogo 等[129]通过深度卷积神经网络在 RGB 图像中检测人的关键点,并使用可变形 3D 表面模型(Skinned Multi-Person Linear Model,SMPL)[132]来拟合 2D 关键点。继这项工作之后,Kanazawa 等[131]提出了一种端到端的方法,通过生成对抗网络将图像像素映射到 3D 模型的参数。Güler 等[130]提出了一种量化回归网络,该网络首先将人体图像映射到 UV 坐标,然后估计人体密集点。这种方式使网络可以从 3D 空间中学习更多的额外信息,从而提高性能。遵循这个想法,Güler 等提出了密集姿态估计数据集 COCO Densepose[24](本书称之为 COCO-D),直接将 RGB 图像中的每个人映射到 3D 人体表面,并将人体分为 14 个语义部位(躯干、右手、左手等),然后将每个部位分为 1~2 个小块,以估计对应部位的 UV 坐标。在该数据集中,每个人标注了约 100 个 UV 坐标。Güler 等人还基于 Mask R-CNN 建立了一个深层神经网络,以预测每个像素的 UV 坐标。由于直接使用基于区域卷积网络的模型可能会丢失很多目标的详细信息,Guo 等[25]提出了深度自适应多路径聚合网络(Adaptive Multi-path Aggregation Network,AMA-Net),该网络可以有效地捕获和聚合低级细节信息,并利用高级语义信息,进行更为精准的密集姿态估计。

2) COCO-D 数据集

(1) 数据集。Güler 等为了训练和评估密集姿态估计方法,提出了一个大规模数据集,即 COCO-D,在 COCO2017 数据集的子集上手工标注了人体图像与人体表面的对应关系。对于每个 2D 人体实例,它带有 14 个标签标注,包括躯干、右手、左手、左脚、右脚、右大腿、左大腿、左小腿、右小腿、左上臂、右上臂、左下臂、右下臂和头部。为了更好地表示 3D 人体表面,在总共 24 个表面标签中对 3D 人体实例进行了精细的标注。具体来说,除了"右手""左手""左脚"和"右脚"外,其余 10 个标签被进一步分为两个细粒度类别。每个人体实例平均使用了 100 个 UV 坐标进行标注,共提供了约 500 万个人工标注的对应关系。

(2) Densepose 评价指标。COCO-D 数据集考虑了评估精度的两种不同方法,包括逐点评估和逐实例评估。逐点评估通过正确点比率(Ratio of Correct Point,RCP)对应关系评估整个图像域的对应精度。在逐实例评估中,由于受到在 COCO-K 数据集上进行人体姿态估计的 OKS 度量的启发[133],COCO-D 引入了测量点相似度(Geodesic Point Similarity,GPS)评价指标,通过找出预测的关键点与标签数据的关键点中距离最近的一对点,并计算这一对点的距离,如式(2-2)所示:

$$\text{GPS}_j = \frac{1}{|P_j|} \sum_{p \in P_j} \exp\left(\frac{-g(i_p, \hat{i}_p)^2}{2k^2}\right) \tag{2-2}$$

式中,P_j 是在人体实例 j 上标注的一组真实点,i_p 是模型在点 p 处预测的顶点,$\hat{i}_p$ 是点 p 处的真实顶点,k 是归一化参数。网络预测每个带标注点的 I、U、V 值。计算完成后,在 0.5 到 0.95 的 GPS 阈值范围内评估平均精度(Average Precision,AP)和平均召回率(Average Recall,AR)。

式(2-2)根据一组预定义的标注点进行估算,不会对虚假检测(假阳性样本)进行惩罚,因而该评价指标会错误地将所有像素归类为前景的预测。这将导致每个人体部位的边缘非常粗糙,因为预测的边缘可能包含很多假阳性点。由此可以看出,这些粗糙的边缘并不是真阳性信息,因此该评价指标不够准确。为了更合理地评估密集姿态估计的输出,本书引入了一个附加的乘法项,它对应数据和预测的人体掩膜之间的交并比,如式(2-3)所示,称为掩膜测量点相似度(Masked Geodesic Point Similarity,GPS^m):

$$\text{GPS}^m_j = \text{GPS} * \text{IoU}(\mathcal{M}, \hat{\mathcal{M}}) \tag{2-3}$$

式中,IoU 用于计算联合的交集,如式(2-4)所示:

$$\text{IoU}(\mathcal{M}, \hat{\mathcal{M}}) = \frac{\mathcal{M} \cap \hat{\mathcal{M}}}{\mathcal{M} \cup \hat{\mathcal{M}}} \tag{2-4}$$

在式(2-3)和式(2-4)中,$\mathcal{M}$表示人体实例j的标注掩膜,$\hat{\mathcal{M}}$表示预测掩膜。在评估密集姿态估计的质量时,该指标更加合理。

通过密集姿态估计,能够获取更复杂的人体3D表面信息,有助于更全面的人体视觉理解任务的研究。

从简单的人体检测到复杂的密集姿态估计,本章由浅及深介绍了人体视觉理解相关子任务的发展,但绝大多数方法更多地关注于单一任务的实现,而忽略了多项子任务之间的关联性和互补性。本书提出的混合监督学习能够将以上的多个任务进行联合学习,采用更为高效和准确的方式理解图像中人体的多维度信息。

2.3 多任务学习相关研究

2.3.1 多任务学习基本内容

近年来,深度学习受到了越来越多的关注。相比于传统机器学习方法需要手动设计特征,深度学习从海量数据中自动学习高级特征,从而更加便捷和高效,并在精度和速度上都大幅度超越了传统的机器学习。然而深度学习对数据有严重的依赖性,模型需要大量数据才能够发现数据中存在的潜在模式。在某些领域数据匮乏几乎是一个不可避免的问题。由于数据难以获取和标注成本昂贵,使得很难构建大规模的标注良好的数据集,从而限制了深度学习的发展。

机器学习希望能够利用大量具有相关性的数据,对研究对象进行充分的特征学习,并输出多维度的结构化信息。但由于标注成本等因素的限制,用于支持这些机器学习任务的数据集往往呈现出规模参差不齐、标注维度互不重合的现象,这为机器学习的进步带来了阻碍。

为了解决上述问题,多任务学习(Multi-task Learning,MTL)[30]技术在1997年应运而生。作为机器学习中的一种学习范式,多任务学习的定义为:给定m个学习任务$\{T_i\}_{i=1}^m$,其中所有任务或它们的子任务都具有一定的相关性,多任务学习旨在利用所有或部分任务所包含的知识,来帮助改进用于预测任务T_i的模型的学习。

在深度学习时代,多任务学习方法的研究目标是:设计能够从多任务监督信息中学习共享表达的网络。与每个任务由独立网络分别求解相比,这种多任务网络带来了一些显著优势。如图2-1所示,首先,由于大部分的网络参数共享,因此计算资源占用显著减少;其次,由于显式地避免了重复计算可以共享的特征,因此相对于每个任务独立预测,多任务网络呈现出更高的推理速度;最重要的是,如果相关任务存在信息互补,或者可以充当彼此的正则化器,则有可能提高相应任务的精度。

本节从多任务学习方法、多数据源多任务学习思想和多任务学习的评价基准3个方面简述多任务学习的相关研究。

第 2 章 面向人体视觉理解与多任务学习的研究现状

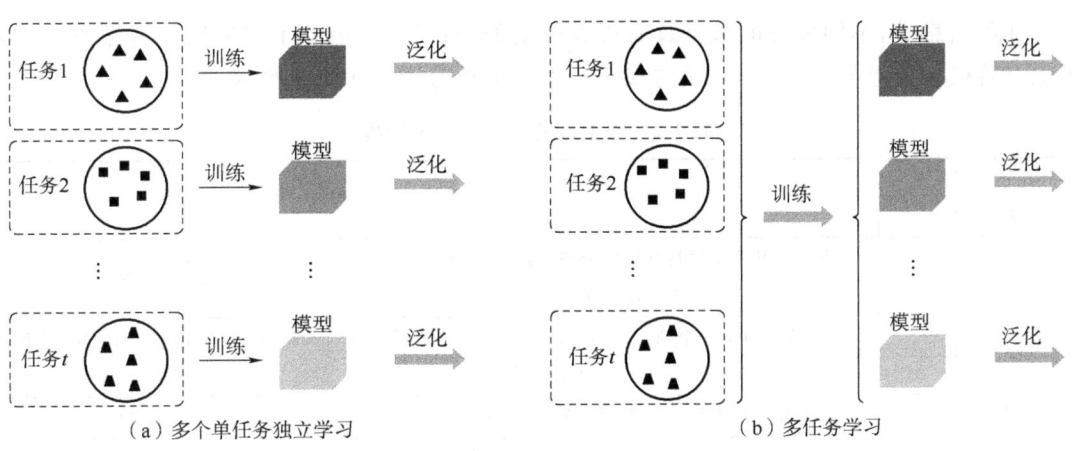

图 2-1 多个单任务独立学习和多任务学习

2.3.2 多任务学习方法

根据多任务学习的研究目标,现有的多任务学习研究主要分为两个方向:硬参数共享和软参数共享。硬参数共享的含义是在任务之间共享模型权重,通过共同优化所有任务学习所有的模型参数;在而在软参数共享模式下,每个任务都有各自的不同权重的模型,但在优化联合目标函数的过程中考虑了不同任务模型参数之间的距离。但是近年来多任务学习的研究性质变得极其多样化,硬/软参数共享两种模式已经不足以概括多任务学习领域的研究现状。

研究表明,关于硬/软参数共享的研究逐渐衍变成对多任务学习架构的和多任务学习优化策略的探索。除此之外,多任务学习中多个任务之间关系的学习,如任务嵌入、迁移学习等,也是一个十分重要的研究方向。下面将从多任务学习架构、多任务学习优化策略和任务相关性学习 3 个研究方向对多任务学习的工作进行总结。

1. 多任务学习架构

很多对多任务学习架构的研究致力于多任务模型结构的设计。在构建模型结构时要考虑很多因素,例如在不同任务之间需要共享哪些参数子集,以及如何将模型的共享模块和任务相关模块进行参数化融合。多任务学习的许多架构都在任务间的信息共享程度上进行平衡与探索,因为共享太多会出现负迁移现象,导致多任务训练的模型性能不如单个任务独立训练的模型;反之则不能让模型在任务之间有效地利用信息,失去了多任务学习的意义。关于多任务学习的架构设计主要分为 3 种,如图 2-2 所示。

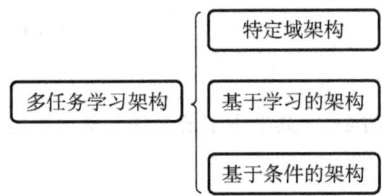

图 2-2 多任务学习架构的分类

1) 特定域的多任务学习架构

根据数据模态的不同,机器学习和深度学习的研究可以分为不同的领域。如图像、文本甚至抽象信息等，不同模态的数据具有极其鲜明的数据特质，因此不同领域的多任务学习架构也有着极大的差异，对应特定域的多任务学习架构分类如表2-2所示。

表2-2 特定域的多任务学习架构

特定域的多任务学习架构	简单介绍	方法
共享主干	所有任务共享全局特征提取网络，每个任务都有一个独立的网络分支	TCDCN, MNCs
交叉干预	每个任务对应一个独立的网络，不同任务的网络在并行层之间有交叉信息共享	Cross-stitchNetwork, NDDR-CNN, Sluice Network
预测蒸馏	利用一项任务的预测帮助另一项任务的学习	PAD-Net, MTI-Net
循环机制	使用循环网络实现任务之间的信息共享	one-to-many Seq2Seq many-to-one Seq2Seq many-to-many Seq2Seq
信息级联	分层次地学习不同任务，浅层任务辅助深层任务学习	Bi-RNN

（1）共享主干

共享主干的模型架构包括一个所有任务共享的全局特征提取器，以及若干对应特定任务的独立分支网络，计算机视觉领域中的大部分模型架构都遵循这种简单的排布方式，如图2-3所示。任务约束深度卷积网络（Tasks-Constrained Deep Convolutional Network）[134]是Zhang等最早提出的共享主干架构的变种，联合了头部姿态估计和面部属性识别两个任务来提高人脸关键点检测任务的性能。Dai等[135]提出了多任务网络级联（Multi-task Network Cascades）方法，其模型结构与任务约束深度卷积网络类似，但每个任务分支的输出会被作为下一个任务分支的输入，从而形成信息流的级联。Zhang和Zhao等[134,136]设计了针对任务特性的网络模块，使得特征的计算既依赖于特征提取器的共享参数，也依赖于特定任务模块的参数，不同任务的分支所接收的特征因此有所不同。

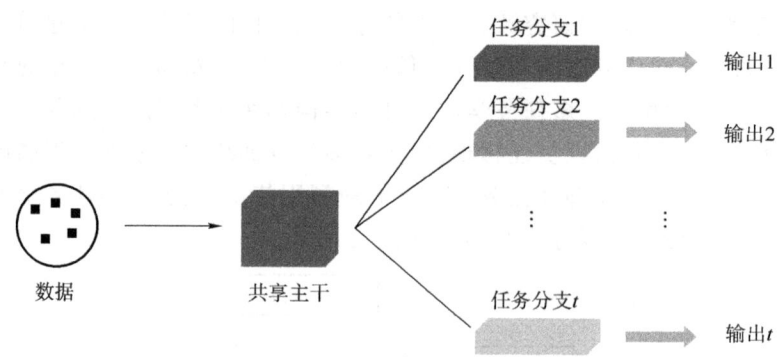

图2-3 共享主干的多任务学习架构

（2）交叉干预

并非所有多任务学习结构都由共享全局特征提取器和特定任务分支组成，Misra、Ruder和Gao等[137-139]提出了另外一种特征共享模式，即交叉干预。与共享单个特征提取器不同，基于交叉干预的多任务学习架构为每个任务都建立了一个网络模型，对应不同任务的网络在并行层之间有信息交流,图 2-4 所示为由 Misra 等提出的 Cross-Stitch[137]网络架构。Cross-Stitch 是由多个特定任务网络组成的多任务模型架构,每个子网络中每一层的特征输入是所有子网络前一层输出的线性组合。线性组合中的个每权值都是可学习的且是特定于任务的,因此每一层都可以选择性地利用其他任务的信息。

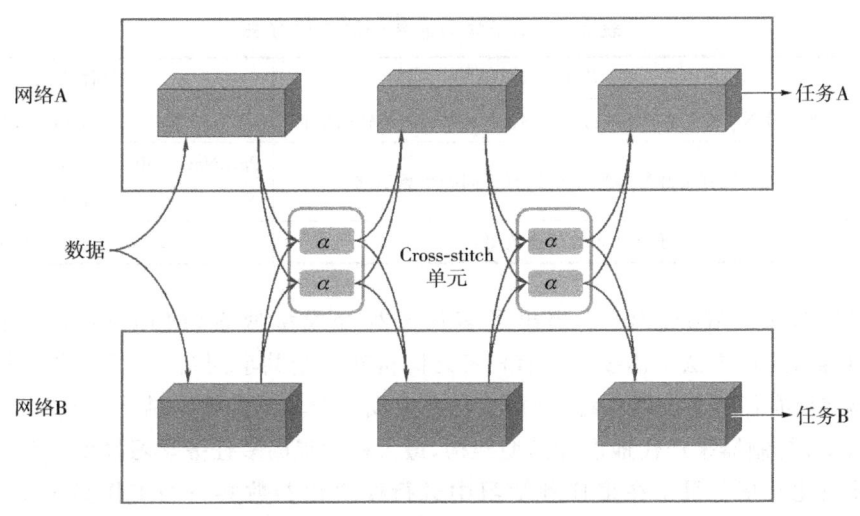

图 2-4 交叉干预的多任务学习架构

(3) 预测蒸馏

由多任务学习的理论出发可知,从一个任务中学习到的特征可能会帮助学习另一个相关任务。预测蒸馏技术拓展了这一观点,认为一项任务的求解可能有助于另一项任务的学习。Vandenende 等提出的 MTI-Net[140]使用预测蒸馏技术,联合学习了图像深度预测和语义分割两个任务,MTI-Net 认为深度图的不连续可能意味着语义分割的不连续。PAD-Net[141]、Pattern-Affintive 和 Propagation[142]等都利用了这一思想,对多个视觉任务进行初步预测,然后结合这些预测产生最终的优化输出。

(4) 循环机制

在自然语言处理领域中,循环神经网络的发展使催生了一系列新的多任务学习模型架构。序列到序列学习(Sequence to Sequence Learning, Seq2Seq)[143]被 Luong 等用于多任务学习,这项工作提出了 3 种不同参数共享方案,分别命名为一对多、多对一和多对多架构。Liu 等[144]也探索了文本分类领域中几种更加细粒度的参数共享方案,重点关注了任务之间不同的信息流动方法。

(5) 信息级联

在循环多任务学习中,每个任务对应的子结构都是对称的,即每个任务的对应分支模块均在整个网络的末端,这意味着在相同的网络深度中对多个任务进行学习。Hashimoto 等[145,146]建议在网络浅层上学习较低层次的任务,以便学习到的特征可以用于更高层次的任务。这形成了一个显式的任务层次结构,直接使用一个任务的信息帮助解决另一个任务。这种迭代推理和特征组合的架构被称为信息级联。

2) 基于学习的架构

如前所述,多任务学习在架构设计方面已经有了许多进展,大部分研究都强调多任务学习的优点,而忽视其缺点。多任务学习架构设计的另一种方法是在学习架构的同时学习模型的权重,本质上是学习如何在任务之间共享参数。在不同的参数共享方案下,模型可以改变任务之间的共享部分,使得相关性更高的任务能够共享更多的模型参数。

基于学习的架构的大致分为 3 种:架构搜索、模块化共享和细粒度共享,如表 2-3 所示。

表 2-3 基于学习的架构的 3 种方法

名称	简单介绍	具体方法
架构搜索	使用 RNN 控制器迭代地为每个任务生成一个单独的架构	MNMS,CMTR,MTL-NAS
模块化共享	不同任务在整体网络中具有不同的计算通路	PathNet, Soft Layer Ordering, Modular Meta-Learning
细粒度共享	任务之间的信息流更灵活	Piggyback, BinaryConnect

(1) 架构搜索。Wong 等[147]提出了多任务神经模型搜索(Multi-task Neural Model Search)控制器,这种方法不需要在所有任务之间构建一个共享网络。相反,多任务神经模型搜索控制器在所有任务上同时训练,为每个任务生成一个单独的模型结构。Zoph 等使用强化学习训练 RNN 控制器来迭代地设计模型架构,最大程度提高多任务学习模型的预期性能。

(2) 模块化共享。最早在多任务学习中进行模块化参数共享的工作是 Fernand 等[148]提出的 PathNet。PathNet 模型是一个可用于多个任务的大型神经网络,不同的任务在模型中具有不同的计算通路。每个任务的计算通路都通过遗传算法学习,其中许多不同的候选通路相互竞争并朝着整体网络的最优子网络发展。

(3) 细粒度共享。细粒度参数共享是多任务学习架构的新方法,与在网络单层或多层进行参数共享的方式相比,它使任务之间的信息流动更灵活。Mallya 等[149]提出的 Piggyback 为原始网络的各个权重学习一个掩码,来使预训练网络适应相关任务。在各个任务的推理阶段,预训练模型的每一个参数都被乘以一个任务相关的权重掩码来进行参数初始化。

3) 基于条件的架构

条件计算[150],或者称为自适应计算,是一种根据输入选择模型的一部分进行预测的方法,条件计算多用于减少模型计算成本和层次强化学习。神经模块网络(Neural Module Networks)[151]利用自然语言的组成结构,来训练和部署针对语料各个部分的模块,是早期专门为视觉问答任务而设计的条件计算方法。路由网络(Routing Networks)[152]和组合循环学习器(Compositional Recursive Learner)[153]是条件计算的最新相关研究,其中除了学习模块权值外,还学习模块的组合。在路由网络和组合循环学习器中,任何模块都可以放置到网络的任意深度的中。Kirsch 等[154]提出的架构同样受到路由网络和组合循环学习器的启发,但采用了路由的局部视角而非全局视角。

2. 多任务学习的优化策略

多任务学习架构设计是硬参数共享的推广,而多任务学习优化策略则是软参数共享的应用。软参数共享是通过惩罚模型参数跟另一个相关但不同的任务中的相应参数的距离,来进行模型参数正则化的方法。多任务学习的优化策略主要分为 6 种方法,如图 2-5 所示。

1) 损失加权

进行多任务优化的一个常见的方法是平衡各个独立任务的损失函数。当一个模型要在

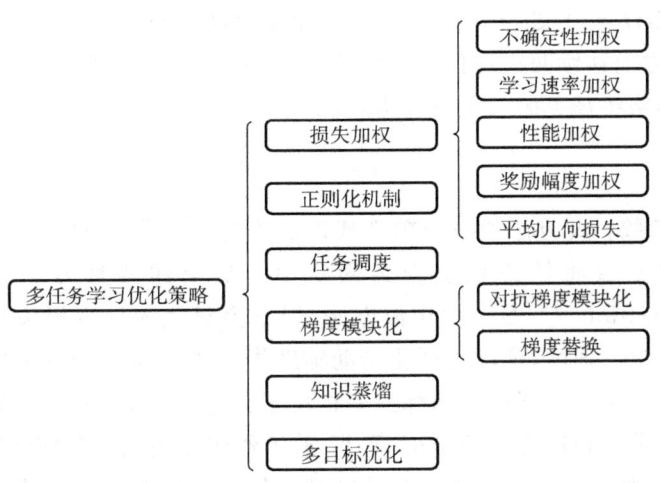

图 2-5　多任务学习优化策略的分类

多个任务上训练时,需要最小化由多个损失函数组合成的一个联合损失函数。由此而来的一个问题是,如何准确地将多个损失函数组合成一个适合多任务学习的联合损失函数。大多数方法都将联合损失函数表示为多任务损失函数的加权求和。Gong 等[155]进行了现有损失加权方法的实验对比。Xu 和 Du 等[156]介绍了辅助任务损失加权的方法,虽然这些方法对多任务学习具有潜在的贡献,但它们的研究内容并不属于多任务学习范畴,而是辅助学习,即模型有一个主任务并伴随着一个或多个辅助任务。

(1) 根据不确定性加权。Kendall 等[157]在 2018 年提出了学习损失函数权重的方法。该研究将多任务学习网络视为一个概率模型,通过最大化网络输出近似于监督信息的可能性,推导出加权多任务损失函数。例如在同时训练 N 个回归任务时,任务 i 的输出是一个服从 $N(f_i(x),\sigma_i^2)$ 的高斯分布,其中 $f_i(x)$ 是模型对任务 i 的输出,σ_i 是一个表示与任务 i 相关的可学习不确定性参数。由此推导的联合损失函数公式为

$$\sum_i \frac{1}{2\sigma_i^2}\|y_i - f_i(x)\|^2 + \log \sigma_i \tag{2-5}$$

式中,y_i 是任务 i 的监督信息。在这个推导出的联合损失函数中,每个任务的损失权重是其任务相关不确定性的倒数,因此不确定性较小的任务将被赋予更大的权重。同时,每个任务的损失都用 $\log \sigma_i$ 来正则化,这样优化过程就不会导致 σ_i 的无限制增长。相比用固定损失权重训练,使用这种不确定性加权方法训练得到的模型表现出更好的性能。

(2) 根据学习速率加权。继 Kendall 等的工作之后,出现了几种通过任务的学习速率来进行多任务损失加权方法。为了平衡各任务的学习效果,这些方法在某个任务的学习速率较慢时增加其损失的权重。其中多任务注意力网络(Multi Task Attention Network)[158]和任务损失平衡加权网络(Loss-Balanced Task Weighting)[159]分别使用当前损失与之前损失的比率,来计算相应任务的损失权重。定义 $\mathcal{L}_i(x)$ 为任务 i 在第 t 次迭代时的损失,N 为所训练的任务的数量。多任务注意力网络使用动态权重平均(Dynamic Weight Averaging)方法,遵循式(2-6)来设计各任务的权重:

$$\lambda_i(t) = \frac{N \exp\left(\dfrac{r_i(t-1)}{T}\right)}{\sum_j \exp\left(\dfrac{r_j(t-1)}{T}\right)} \tag{2-6}$$

式中，$r_i(t-1)=\mathcal{L}_i(t-1)/\mathcal{L}_i(t-2)$ 和 T 是一个临时超参数。在式(2-6)中，每个任务的损失权重，是一个在之前连续两次迭代中损失比的 Softmax 值，并乘以任务数量。类似的，任务损失平衡加权网络将任务的权重设计为式(2-7)：

$$\lambda_i(t)=\left(\frac{\mathcal{L}_i(t)}{\mathcal{L}_i(0)}\right)^\alpha \quad (2-7)$$

式中，α 是一个超参数。此方法通过当前迭代的损失与初始损失的比率来衡量任务的学习速率，两种方法都不会将任务权重设为固定值。受上述两种方法启发，梯度正则化(Gradient Normalization)[160]是一种相似方法，但不会显式地计算损失权重。基于各任务损失的平均梯度和学习速度，梯度正则化借助辅助损失来衡量每个任务的梯度与所需任务梯度之间的差异。当某一个任务的训练速率相比于其他任务较慢时，上述 3 种方法都会给该任务增加损失权重。相比之下，Zhang 等[134]的工作将损失权重分配给随着学习速度增加而损失降低的任务，如果在先前的训练步骤中某个任务的损失增加，则将该任务的权重设置为零，这与聚焦损失(Focal Loss)[224]逻辑类似。该策略的基本原理是，如果任务 i 的损失增加了，则该任务可能陷入局部最小值。通过将此任务的权重分配为零，训练将仅取决于损失仍在减少的任务，梯度下降训练方法则会帮助损失增加的任务逃出局部最小值。

(3) 根据性能加权。性能加权方法的逻辑类似于学习速度加权方法。可以通过是否将学习速度视为模型性能这一角度来区分这两种方法。与根据学习速率加权的方法相比，根据性能加权的研究则较少，分别有动态任务优先级排序(Dynamic Task Prioritization)[161]和隐式调度(Implicit Schedule)[162]。动态任务优先级排序受到自定进度多任务学习(Self-Paced Multi-Task Learning)[163]启发，通过在任务级别和样本级别分配不同权重，来对困难的任务和样本进行优先考虑。动态任务优先级排序使用聚焦损失权衡任务中的样本和性能指标进行损失加权，而隐式调度方法则依靠损失加权和任务调度之间的联系来进行损失加权。

(4) 根据奖励幅度加权。在多任务学习中，任务之间损失函数的损失值差异过大，可能会导致学习过程不稳定。例如考虑两个分类任务 T_1 和 T_2，假设任务 T_1 的损失 L_1 是标准交叉熵损失，而任务 T_2 的损失 L_2 等于标准交叉熵损失乘以常数 1 000。在这种情况下，很明显联合任务损失 $L=L_1+L_2$ 将主要取决于网络在任务 T_2 上的性能。因此，多任务学习实际上的注意力将主要集中在任务 T_2 上。解决此问题的一种方法是，根据每个任务损失函数的大小来计算任务损失权重。Hesselt 等[164]使用 PopArt 规范化对多任务深度强化学习进行损失加权，推导出了一种针对行为批评方法的尺度不变更新规则，然后将其扩展到多任务学习。主要思想是持续计算每次迭代中损失的均值和标准差，然后将损失替换为归一化值。

(5) 根据平均几何损失加权。虽然大多数多任务学习方法将网络的联合损失建模为单个任务损失的加权平均值，但 Chennupati 等[165]提出使用计算任务损失的几何平均值作为替代方法。使用几何平均数有助于平衡所有任务的训练，并且这种损失函数比传统的加权平均损失函数更好地处理了各个任务的学习速度差异。

2) 正则化机制

正则化机制采用软参数共享的思想，长期以来在多任务学习中一直发挥着重要作用。在软参数共享中，各个任务模型之间不共享参数，而是将任务模型参数之间的 L_2 距离添加到训练目标中,鼓励不同任务之间使用相似的模型参数。Duong 等[166]的工作采用一种快速准确的依赖关系解析器[167]进行多种语言的依赖关系解析,但为每一种语言训练了同一网络结构的独立模型,每个独立模型中只有一小部分参数在任务之间被软共享。结果表明,在不同语言的模型之间使用软参数共享,可以大大提高小数据量下的模型性能。除了软参数共享外,还可以通过在网络参数上引入先验分布来对多任务学习模型进行正则化。Long 等[168]提出的多线性关系网络(Multilinear Relationship Networks),通过在多任务模型的特定子任务上引入先验正态分布来实现此目的。深度非对称多任务特征学习(Deep Asymmetric Multitask Feature Learning)[169]将自动编码器添加到目标函数,来规范化多任务深度神经网络。

3) 任务调度

任务调度[170]是指在训练过程的每次迭代中选择要训练的一个或多个任务的机制。尽管在调度方式上有所不同,大多数多任务学习模型都以非常简单的方式来实现,要么在每次迭代中训练所有任务,要么随机采样要训练的任务子集。例如,当在有监督学习的每一次迭代中对单个任务进行训练时,通常采用固定的任务采样方法,其中每个任务被采样的可能性相同;或者采用比例任务采样[171],其中选择任务的概率与其数据集的大小成正比。尽管大多数方法都使用这些任务调度策略,但是一些研究表明优化后的任务调度策略可以显著提高模型性能[172]。Sharma 等[173]提出了一种基于主动学习的任务调度方法,根据任务级别的相对性能计算任务被调度的概率。任务的性能距离目标性能越远,就越有可能被调度。这类似于损失加权方法,即增加了学习缓慢的任务的损失权重。

4) 梯度模块化

多任务学习面临的主要挑战之一是负迁移,即任务的联合训练会损害学习而不是帮助学习。从优化的角度来看,负迁移表现为任务之间的梯度冲突。当两个任务的梯度指向相反的方向时,遵循一个任务的梯度进行优化会降低另一任务的性能,而遵循两个梯度的平均值意味着这两个任务都不会获得与单任务训练相同的优化效果。在一些解决任务梯度冲突的研究中,显式梯度模块化已成为一个主流的解决方案。

(1) 对抗梯度模块化。如果使用多任务模型训练一组相关任务,理想情况下这些任务的梯度应指向相似的方向。对抗梯度训练(Gradient Adversarial Training)[174]通过引入一个对抗损失项来显式地强化这种约束,将不同来源的梯度约束到一个共同分布。对抗梯度训练是一个通用方法,除了多任务学习之外,还可以用于对抗性防御和知识提取。在多任务学习中,模型通过辅助判别器进行训练,辅助判别器接收任务的反传梯度,并尝试分辨这个梯度是来自于哪个任务。对网络梯度进行调制,让辅助判别器的逐渐无法分辨梯度来源,由此就可以使来自不同任务的梯度满足统计学上难以区分的分布。在反向传播过程中,梯度会由"梯度对齐层"(GAL)进行修正,通过逐元素缩放以最小化辅助判别器在区分任务梯度时的性能。在文献[175]中使用了类似的对抗设置来实现任务之间的梯度相似性优化。

(2) 梯度替换。Lopez-Paz、Chaudhry 和 Yu 等探索了另外一种完全不同的梯度模块化方法,这些工作的中心思想是将任务之间具有冲突的梯度向量替换为一个没有冲突的变体。Lopez-Paz 等引入了梯度情景记忆(Gradient Episodic Memory)来进行连续学习,不同于同时训练多个任务,而是顺序地学习多个任务。梯度情景记忆保留了已经学习过的任务中样本的情景记忆,并在训练任务 i 的每次迭代时进行式(2-8)的约束:

$$\forall_j < i : G_i(t)^\mathrm{T} G_j(t) \geqslant 0 \qquad (2\text{-}8)$$

式中，$G_i(t)$ 是任务 i 的梯度向量，$G_j(t)$ 是任务 j 在第 t 次迭代时基于数据记忆的损失梯度。当两个梯度向量之间的角度小于 90°时，它们之间的点积为非负，因此不会指向相反的优化方向。如果某些任务 j 不满足此条件，则将 $G_i(t)$ 替换为 $\widetilde{G_i(t)}$，优化解决方案如式(2-9)和式(2-10)：

$$\text{minimize} : \frac{1}{2} \| G_i(t) - \widetilde{G_i(t)} \|^2 \qquad (2\text{-}9)$$

$$\text{subject to} : \forall_j < i : G_i(t)^\mathrm{T} G_j(t) \geqslant 0 \qquad (2\text{-}10)$$

通过替代求解对偶并恢复 $\widetilde{G_i(t)}$ 的对应值，可以有效地解决这个二次优化问题。即使这样，与传统训练相比，梯度情景记忆仍显著增加了计算时间。Chaudhry 等[176]提出了平均梯度情景记忆(Averaged Gradient Episodic Memory)来减轻计算开销。平均梯度情景记忆通过式(2-11)放宽梯度情景记忆约束：

$$G_i(t)^\mathrm{T} G_{\text{avg}}(t) \geqslant 0 \qquad (2\text{-}11)$$

式中，$G_{\text{avg}}(t) = \frac{1}{i-1} \sum_{j<i} G_j(t)$。换句话说，平均梯度情景记忆并不要求新的梯度与上一次的梯度不冲突，而是仅要求新的梯度与之前所有任务的梯度平均值不冲突。修改后的优化问题具有以下闭环的解决方案：

$$\widetilde{G_i(t)} = G_i(t) - \frac{G_i(t)^\mathrm{T} G_{\text{avg}}(t)}{G_{\text{avg}}(t)^\mathrm{T} G_{\text{avg}}(t)} G_{\text{avg}}(t) \qquad (2\text{-}12)$$

对约束条件的轻微放宽在保持梯度持续记忆性能的同时，可以给计算效率带来了极大的提高。另一个类似的方法是由 Yu 等[177]提出的 PCGrad，PCGrad 方法本质上和梯度情景记忆相同。而主要的区别在于问题表达方式不同。PCGrad 用于同时学习多个任务，因此必须在每一次迭代中检查每个任务损失梯度与其他任务损失梯度的冲突。梯度替换方法的成功表明，最小化梯度冲突是减少负迁移的有效方法，此类方法是多任务学习优化策略的重要研究方向。

5）知识蒸馏

知识蒸馏[178]最初是用于将多个神经网络模型压缩为单个模型而提出的，并在其他领域得到了广泛应用。在多任务学习中，知识蒸馏最常见用途是利用单任务模型(教师网络)指导多任务模型(学生网络)的学习。在某些领域，学生网络的性能已经超过了教师网络的性能。这表明知识蒸馏不仅能够提升模型效率，而且还能够提高模型性能。知识蒸馏在多任务学习中的首次应用为同一时期的两个工作：策略蒸馏(Policy Distillation)[179]和扮演模仿(Actor-Mimic)[180]。这两种方法都是专为强化学习而设计的，并且遵循大致相同的逻辑。对于一组任务中的每个任务，使用强化学习来训练特定模型并使其收敛。然后使用监督学习来训练单个子策略，来模仿教师策略的输出。

6）多目标优化

对多个可能有冲突的损失函数进行优化，是多任务学习的基本难题。大多数多任务学习方法通过使用加权平均值将许多损失函数组合为联合损失函数来规避这一问题。从损失值($\mathcal{L}_1(t), \mathcal{L}_2(t), \cdots, \mathcal{L}_n(t)$)的元组到其加权平均值 $\sum_i \lambda_i \mathcal{L}_i(t)$ 的映射不是单一映射，这意味着当将损失函数的集合转换为单个加权损失函数时会丢失某些信息。构造此加权平均值还需要选择权重,这很容易产生偏差,对多任务学习使用多目标优化是一种不受这些缺点影响的替代方法。

3. 任务相关性学习

任务相关性学习的目标是学习任务之间关系的显式表示,例如通过相似性将任务聚类,并利用学习到的任务关系来改进对当前任务的学习效果。本小节将讨论任务相关性学习的3个研究方向。第一个方向是任务分组,其目标是将任务集合划分为若干组子集,以便于有益地训练同一组相关任务;第二个方向是学习迁移关系,包括分析使用知识从一项任务转移到另一项任务时有利于学习的方法;最后一个方向是任务嵌入方法,它为多个任务学习了一个嵌入式空间。

1) 任务分组

作为负迁移的一种解决方案,许多多任务学习方法都是为了自适应地在相关任务之间共享信息,并从可能影响彼此学习的任务中分离出信息。任务分组即是一种解决方案,如果两个任务表现出负迁移的现象,只需从一开始就把它们的学习分开即可。然而,这样做需要对不同任务集进行训练试错,很少有不需要这种试错就能准确确定联合学习任务分组的方法。

两个早期同时进行的任务分组学习的是文献[181]和文献[182]。两者都研究了众多任务分组方法在自然语言处理问题中的有效性,具体方法是选择一个或两个辅助任务,如词性标注、句法组块和单词计数,通过训练多个任务组合的多任务网络来帮助学习一个主要任务,如命名实体识别。在这些研究中,针对每个独立的主要任务训练一个单任务网络,并将其性能与结合辅助任务训练的多任务网络进行比较。

Standley 等[183]总结了使用 Taskonomy 数据集[192]进行任务分组的研究,提出了一个任务聚类方法。在不同的训练数据量和网络规模的条件下,使用4种不同的训练设置来训练5个任务中的每一对任务。该研究总结了几个现象:首先,多任务学习是否优于单任务学习的研究结果不一,许多多任务方法的表现比单任务更差;其次,从单任务训练到多任务训练的性能增益因训练设置的不同而变化很大,这意味着多任务学习的有效性并不十分依赖于任务之间的关系。令人惊讶的是,该研究也没有发现多任务相关性和任务间的迁移相关性之间存在关联。这再次表明,在多任务学习中除任务的性质之外还需考虑更多的因素。

2) 迁移相关性

多任务迁移相关性的研究与多任务分组的研究十分类似,但不是在任何情况下都存在必然联系。与多任务学习不同,迁移学习已经在更广泛的研究中发挥了重要作用。大多数自然语言处理和计算机视觉模型的训练不是从零开始,而是将一个预训练模型的参数迁移到新任务中使用。

Dwivedi 等[184]提出了一种类似但更有效的学习任务迁移关系的方法,该方法使用表示相似度分析(Representation Similarity Analysis)[185]来进行任务之间的相似度度量。表示相似度分析认为如果两个任务表现出正迁移,那么在每个任务上训练的单任务网络都将倾向于学习类似的表示,因此表示相似度分析是对当前任务的是否易于迁移的准确度量。

3) 任务嵌入

任务嵌入是学习任务关系的一种常用的手段,并且经常与其他的多任务学习方法密切相关。任务嵌入最常用的情况是:已经完成多任务学习后,又给出了一个新任务,而这个新任务必须根据已经学习的任务进行学习。James 等[186]使用度量学习构建任务嵌入空间,并用于各种机器人操作任务的模仿学习,该模型名为 TecNet。TecNet 由嵌入网络和控制网络组成。嵌入网络输出任务的矢量表示,而控制网络接收任务表示作为输入来产生一个动作。与从专家演示中计算任务嵌入不同,Achille 等[187]从一个预先训练的网络的 Fisher 信息矩阵构建任务嵌入空间。

本小节中所提到的多任务学习研究方法大多是任务角度进行分析和优化,而没有关注数据本身。大部分的方法适用于单一数据源的多任务学习,即从单一数据源中提取研究目标的多维度信息。此类方法受限于数据的规模、标注维度、信息丰度以及特征复杂度等多重因素。因此摆脱单一数据源依赖,利用多个数据源进行多任务学习的研究仍有很大的提升空间。

2.3.3 多数据源多任务学习思想

以解决数据源限制作为出发点,出现了广泛采用多数据源进行多任务学习的研究,通过充分利用不同规模、不同标注维度以及不同特征分布,但研究对象具有一定相似性的数据源,此类方法突破了单个数据源多任务学习方法的局限。多数据源多任务学习研究工作仍然较少,主要研究方向可以分为监督扩充和模型优化两个方向,一些具有代表性的研究工作主要可以概况为数据蒸馏(Data Distillation)和分支级优化(Head-wise Optimizing)两种方法。

1)数据蒸馏

使用具有完备监督信息的全监督多任务学习受到已标注数据集的限制,来自 FAIR(Facebook AI Research)的 Radosavovic 等[188]提出了数据蒸馏,其核心思想是在缺乏丰富多维度标注数据集的情况下,利用所有能够利用的数据来进行目标任务的学习,无论数据是否被标注。利用部分标注的数据训练机器学习任务在性质上属于半监督学习,即数据蒸馏方法属于半监督学习方法的特例。

该方法首先在不同的单数据源上训练多个独立的任务,然后使用单个任务的模型对未标注数据进行预测,预测结果被当作未标注数据在单个任务上的标注信息。在多次重复使用单个任务模型在所有数据上进行预测之后,就可以得到一个规模较大的多维度标注数据源。最后在这个带有生成标记的数据源上进行多任务的训练,得到一个统一的多任务模型。

在当前深度学习在各个领域取得优异成果的背景下,使用基于这种定义的数据蒸馏方法面临着一个重要问题:通常情况下将模型自己预测的数据加入训练集中无法提供有意义的信息。例如将分类置信度高的数据加入训练集中重新训练,预测置信度高说明网络已经可以提取用于识别这种数据的特征,再把这种数据加入训练集,属于无用的劣质数据,或者说这种数据的用处很小,并且会破坏数据分布。

Hinton 等[189]提出了模型蒸馏(Model Distillation)方法,将多模型的预测结果进行集成,当作数据的标签,如图 2-6(a)所示,但模型蒸馏使用的多模型仍然没有很好地解决劣质数据的问题。数据蒸馏通过对数据进行多种变换,集成单一模型在多种变换上的预测结果来进行监督信息的扩充,如图 2-6(b)所示。

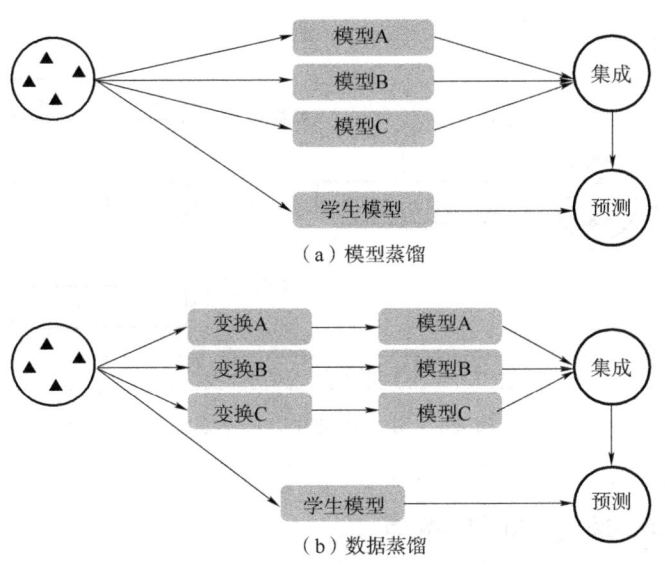

（a）模型蒸馏

（b）数据蒸馏

图 2-6　模型蒸馏与数据蒸馏方法示意图

基于现有的计算机视觉模型的强大预测能力，视觉模型已经有能够挑战真实世界的数据。Radosavovic 等使用人体检测、人体姿态估计任务为验证载体，使用 Mask R-CNN 框架在 COCO2017 数据集合上验证了数据蒸馏方法的有效性。数据集分为三部分：COCO2017 数据集中的有标注子集、无标注子集以及 Sports-1M static frames[190] 数据集中抽取的部分图片。选择尺度缩放和水平翻转作为数据变换方法，取得了比单一数据源性能更好的模型。

2）分支级优化

区别于数据蒸馏从监督扩充的角度去解决多数据源多任务学习问题，分支级优化方法则是在不改变现有数据规模和标注结构的条件下，通过非端到端的模型训练与优化方法来达到目的。分支级优化方法的主要思路为：使用不同标注维度的数据源来训练模型中相关于特定任务的部分，所有任务在学习的过程中共同优化模型中的基础特征提取部分，模型的结构在不同的训练过程中保持不变。在进行新的任务训练时，已经完成训练的任务相关网络和特征共享网络采用参数固定，即不再对其进行优化。保证已完成学习的任务的性能不受新学习到的任务影响。

对于分支级优化的探索仍然处于一种工程化应用的阶段。如图 2-7 所示，具体做法是首先在一个数据源上训练得到模型，学习到模型中的特征共享部分和任务相关部分的参数。然后固定模型中相关于上一个任务的部分的参数，重新在另一个数据源上展开训练，此时更新本任务相关的模型参数和特征共享部分的参数，最终得到一个多任务输出的统一模型。分支级优化方法对数据源的训练次序十分敏感，一般而言，数据规模最大的数据源适合最先训练。但是这个规则也不是必然的，因此数据标注的质量、提供监督信息的丰度也会影响训练的优先级。

现有的多数据源多任务学习方法仍处于探索期，在效率和精度上仍有很大的提升空间。本书则采用多数据源多任务学习的思想，提出了混合监督学习方法，用于解决人体视觉理解任务的一些问题。

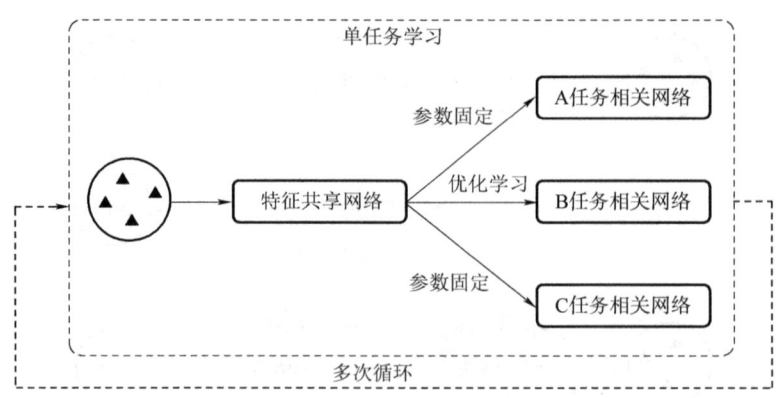

图 2-7 分支级优化方法示意图

2.3.4 多任务学习的评价基准

在本小节中,我们简要概述了多任务学习的各个领域中常用的评价基准,包括计算机视觉、自然语言处理、强化学习的基准。需要注意的是,虽然有一些专门为多任务学习设计的基准如 Taskonomy 和 Meta-World,但这些基准非常少且远远不足。大多数多任务学习方法用多任务的默认方式进行评估,这些默认方式使用包括多任务监督的通用基准,如 NYU-v2。最后,这里展示的基准列表并不是一个包含全部相关数据集的列表,这些只是一些最常用的多任务学习数据集。

1. 计算机视觉评价基准

NYU-v2[191] 是一个来自 464 个室内场景的 RGB-D 深度图像数据集,包含 1 449 张密集标注的图像和超过 40 万张未标注的图像。图像的标注信息包含实例分割、语义分割和场景分类标签。所有图像都是从视频序列中提取的帧且包含每个像素的深度值。

COCO2017[63] 包含了 328 000 张自然场景的图像,总共有覆盖 91 个类别的 250 万个实例。这些图像包含用于图像分类、语义分割和实例分割的标签信息。

CityScapes[64] 由 50 个城市的街道上拍摄的视频帧组成。数据集的精细标注子集包含 5 000 幅带有像素级注释的图像,而另外 20 000 张图像则是粗略标注的。这些图像的标注信息包含图像分类、语义分割和实例分割。

Taskonomy[192] 是唯一一个专门用于研究多任务学习的大型计算机视觉数据集。该数据集由来自 600 个不同建筑的 400 万幅室内场景图像组成,每张图像都有 26 个不同视觉任务的标注信息,涵盖了 2D、2.5D 和 3D 任务。

2. 自然语言处理评价基准

GLUE[193] 由 9 个自然语言处理任务组成,数据主要来自先前已有的自然语言处理语料库。该基准的作用是用来评估可以同时处理所有或多个任务的通用语言理解模型。有些任务故意提供少量的训练数据,以鼓励任务之间的信息共享。

Stanford Natural Language Inference[194] 包含 57 万对句子,每对都包含一个标签来描述它们之间的关系,要么是中性的、要么是蕴含的、要么是矛盾的。该数据集是通过 Amazon Turk 获得的。

WMT14[195]是来自 2014 年统计机器翻译研讨会的数据集,包含许多语言对的平行语料库,包括法-英、德-英、北印度-英、俄-英和捷克-英。这些语料库的大小从 9 000 万个英语语句到 100 万个印地语句不等。

OntoNotes5.0[196]是一个包含阿拉伯语、英语和汉语文本的多语言语料库,共有约 290 万个单词,标注了语法和谓词参数结构、关联消解和语义消歧。文本来源包括书面新闻、广播新闻、网络数据等。

decaNLP[197]是 10 个 NLP 任务的集合,这是一种新的自然语言处理基准方法。不再由输入/输出上的显式约束指定任务,而是将每个任务用自然语言描述模型。每个示例都是由问题、上下文和答案组成的三元组。

3. 强化学习评价基准

Arcade Learning Environment(ALE)是数百款雅达利 2600 游戏的集合,其中的观察结果作为原始像素提供给智能体。这些游戏最初是为人类电子游戏玩家设计的挑战,所以它们在探索和学习方面对现代强化学习智能体提出了挑战,比如使用稀疏奖励进行学习。

DeepMind Lab[198]是一个 3D 第一人称游戏平台,它要求智能体基于原始像素做出行动。DeepMind Lab 提供了通过观察、终止条件、奖励功能等定制环境的能力。环境的 3D 特性不仅在战略决策方面具有挑战性,在感知方面也具有挑战性。

Meta World[199]是一个机器人操作任务的集合,旨在鼓励多任务学习和元学习的研究。该集合包括 50 个任务的模拟 Sawyer 机械臂,而每个任务有自己的参数变化,如目标位置等。Meta World 中的多任务基准是 MT10 和 MT50,分别代表同时学习 10 个和 50 个任务,而元学习基准是 ML10 和 ML45,分别代表学习 10 个和 45 个任务组成,在学习完成后机器人被要求快速适应新的未知任务。

在于多任务学习的研究中,单数据源多任务学习已经有了一套庞大而详细的研究体系,其中包含了众多卓越的研究成果。而对多数据源多任务学习的研究则仍然处于较为早期的阶段,当前研究的主要思路也是基于单数据源学习,通过一定的技术手段将多数据源整合为单一多维度数据源,进而展开多任务学习;或者是使用多次优化的方法进行单数据源单任务的学习,而非采用端到端的方式。

关于端到端的多数据源多任务学习,相关的研究工作仍然十分匮乏,这也是本书的研究内容,即在第 3 章中提出的解决方案:混合监督学习。

第 3 章

混合监督学习的基本模型

针对人体视觉理解问题,本章基于多数据源多任务学习的思想,设计和提出了混合监督学习的基本模型(MSL-base)。MSL-base 采用多个数据集,端到端地完成多个任务学习,包括人体检测、人体实例分割、人体解析、人体姿态估计和密集姿态估计等任务。

本章期望通过一个模型端到端完成人体视觉理解任务,从而对目标人物有一个全面的分析和理解。但是根据现有的方法,它的实现需要一个大型、全面的单一数据源来为每个任务提供对应标注。为了摆脱对单一数据源的依赖,从而实现多数据源多任务学习,本章分析了两种非端到端多任务学习方法的优缺点,并提出了一种效率和精度更优的方法,即 MSL-base。MSL-base 在概念上简单灵活,它采用区域卷积网络,其中不同的任务可以共享同一主干网络,并且可以并行处理特定任务的网络分支。在本章中使用 MSL-base 在 4 个数据集上训练人体视觉理解模型,可以同时执行人体检测、人体实例分割、人体解析、人体姿态估计和密集姿态估计 5 个人体视觉理解子任务。同时,本章还研究了 4 个数据集之间监督信息的相关性,并以最有效的方式提高了模型性能。由于 MSL-base 采用了端到端的训练方案,与其他非端到端方法相比大幅减少了训练和推理耗时。

本书在后续章节中会从多任务适用性和多数据源鲁棒性两方面对 MSL-base 进行分析和研究,并对其可扩展性进行探究,从而实现更高效率、更优精度的人体视觉理解方法。

3.1 问题描述

在计算机视觉领域的许多问题中,单任务学习都能产生出色的结果。然而一些问题需要通过多次训练来完成多个任务的学习,这样的方法是低效且缓慢的。在第 1 章中,本书针对人体视觉理解问题,提出了一个多数据源多任务学习思路。即通过利用多数据源来进行多任务学习,只需要训练一次即可获得多个任务的输出,这样可以在满足任务需求的同时大大提高效率。但是由于直接使用多个数据源来进行模型训练,会产生由于数据源差异带来的域适应性问题,同时各个任务之间也会互相产生影响,因此需要一个适当的模型架构来以及相应的方法来解决这些问题。区域卷积网络[32]对于特定的任务有特定的网络分支,不同任务在共享大部分网络参数的同时,还可以学习差异性的特征表达,因此是多任务学习模型的优先选择。

为了应对不同数据集上的多任务训练,本章首先分析了两种更为简单的非端到端方法。第一种是数据蒸馏[188](Data Distillation)的变体,它采用训练好模型来为目标数据集生成缺少的标注信息。例如,为了得到同时具有人体姿态估计、人体解析和密集姿态估计标注的数据集,数据蒸馏方法首先在具有人体姿态标注的数据集上训练模型,然后使用训练后的模型为另外几个其他任务的数据集生成人体姿态标注。通过这种方式,可以获得一个包含多个不同数据集的大型数据集,以训练模型来同时完成多个任务。还有一种方法称为分支级优化(Head-wise Optimizing),首先在一个数据集中训练模型,然后固定模型主干网络和人体检测网络分支的权重。然后共享模型主干网络和人体检测网络分支,并在相应的数据集上训练新任务对应的分支网络,直到完成所有任务。

尽管这两种简单的方法可以通过一个模型完成多个任务,但由于采用了非端到端的方式进行训练,在模型训练、推理效率以及模型精度方面仍需要改进。在效率方面,数据蒸馏的缺点非常明显,其需要额外的迭代来训练多个独立的子模型;尽管分支级优化相比数据蒸馏方法而言需要较少的训练迭代次数,但由于在训练新任务网络分支时不会优化模型主干网络和人体检测分支,导致对数据集的利用并不充分且训练效率低下。在准确性方面,数据蒸馏采用模型预测的标注,这将不可避免地导致准确性产生损失;分支级优化采用固定权重策略,这将严重影响模型在新任务网络分支中的泛化能力。

基于上述观察,本章针对人体视觉理解问题,提出了一种新的多数据源多任务学习方法,即混合监督学习(MSL-base)。MSL-base 是一种启发式的多任务训练方法,适用于由不同任务网络分支组成的区域卷积网络。本章采用 MSL-base 来进行多数据源多任务学习,使之可以同时完成人体检测、人体实例分割、人体解析、人体姿态估计以及密集姿态估计 5 个人体视觉理解子任务,如图 3-1 所示。需要注意的是本章所提出的 MSL-base 指的是混合监督学习的基本模型,它初步解决了多数据源多任务学习时多数据源域差异性和多任务梯度竞争问题。在后续的章节中,本书还会从多任务适用性、多数据源鲁棒性和可扩展性 3 个方面进行深入分析,并对基本模型进行完善。最终针对人体视觉理解问题,构建出完整的混合监督学习方法(MSL)。

图 3-1 MSL-base 在 5 个人体视觉理解子任务上的可视化输出结果

近些年来,基于区域的方法的研究取得了许多成就。通过基于区域的方法,可以对图像中的每个实例执行分类、目标检测、实例分割和人体姿态估计等。本章希望所提出的模型能够同时完成多个人体视觉理解子任务,这不仅可以节省训练时间,而且只需要一次运行即可获得多个任务的输出。一般而言,这个模型需要一个数据集来为每个任务提供对应标注。但是现有的公开数据集无法提供足够全面的标注信息,例如 COCO2017 数据集提供了人体检测、人体实例分割和人体姿态估计标注,但没有人体解析的标注;CIHP 数据集提供了人体检测和人体解析标注,但是缺少人体姿态估计和密集姿态估计标注。一种直观的方法是构建可以同时提供各种标注的数据集,但标注数据集需要大量的人力和时间。

基于这些观察,本章提出了 MSL-base,它可以将来自不同数据集的样本用于模型训练。每个小型批处理仅从一个数据集采样,对于每次迭代只通过标签优化主干网络和人体检测分支以及相应任务的网络分支。根据每个任务网络分支的梯度,分配不同任务的损失权重,以确保训练的稳定性和更好的收敛。并且根据不同任务之间的相关性,采用其中一个任务训练好的权重,用于初始化其他任务的网络分支。

本章所提出的 MSL-base 模型架构,没有进行复杂的模型设计,但仍然可以有效地在不同的数据集上训练模型,并同时完成多个任务。与另外两种简单的非端到端多任务学习方法相比,MSL-base 在效率和准确性方面都取得了很大的进步,甚至一些子任务的性能达到或超过了最佳方法。

3.2　混合监督学习的基本模型设计

根据本书在第 1 章的介绍,针对人体视觉理解任务,本章提出了一种新的多数据源进行多任务学习方法,其目的是可以端到端地采用单一模型从多个数据源中对人体视觉信息进行建模和预测。下面将分别从模型的多任务数据源和模型的结构设计两个方面进行展开描述。

3.2.1　模型的多任务数据源

首先,为了实现面向人体视觉理解的多数据源多任务学习,本节使用了 4 种数据集以提供不同的标注信息。这 4 种数据集分别带有人体实例分割标注、人体解析标注、人体姿态估计以标注及密集姿态估计标注,并且全部带有人体检测标注。

本书的 2.2 节简单介绍了为进行多任务学习而使用的 4 个数据集,这 4 个数据集分别是:用于人体实例分割任务的 COCO-Person(COCO-P[63])数据集,用于人体姿态估计任务的 COCO-Keypoints(COCO-K[63])数据集,用于密集姿态估计任务的 COCO-Densepose(COCO-D[24])数据集以及用于人体解析任务的 Crowd Instance-level Human Parsing(CIHP[104])数据集。下面对这 4 个数据集的图片数量、人体实例数量以及它们所提供的标注信息进行整理,结果如表 3-1 所示。

表 3-1　4 个用于人体视觉理解的数据集统计

Database	Sample	Annotations				
	Images(Person)	BBox	Mask	Parsing	Keypoints	Densepose
COCO-P	66 808(268 030)	√	√			
COCO-K	56 599(149 813)	√			√	
COCO-D	32 382(46 422)	√			√	√
CIHP	28 280(46 422)	√		√		

为了共同训练 COCO-P、COCO-K、COCO-D 和 CIHP 4 个数据集,需要分析它们之间的异同,表 3-1 提供了这项工作中的 4 个可用数据集的图像和实例数量。可以观察到,4 个数据集之间的样本分布是不均衡的,例如 COCO-P 和 COCO-K 中的图像数量大约是 COCO-D 数据集中的图像数量的两倍。除此之外,观察图像样本可知,COCO-K 和 COCO-D 中人体实例的长宽比例和尺度变化很大,并且存在非常严重的遮挡问题;CHIP 中亚洲人比例很高,并且个体之间的遮挡相比其他数据集而言较少。因此,尽管多个数据集将增加图像和实例数量,但是多数据源导致的域自适应和样本均衡问题也将使模型的优化变得困难。

实例的大范围尺度变化在目标检测中一直是一个挑战[200],尤其是对于小尺度实例更加困难。虽然每个数据集内部的训练集和验证集的尺度分布基本相同,但是不同数据集的实例尺度分布差异很大。COCO-K 数据集中约 40% 的人体实例小于 96×96 像素(即为小型人体实例),但 CIHP 数据集中小型人体实例只有 15%。而在 COCO-D 中,大型实例更是占有绝对主导地位,其中几乎所有的人体实例都大于 96×96 像素,这为多任务学习带来了巨大挑战。

本章使用的 COCO-P、COCO-K、COCO-D 和 CIHP 这 4 个数据集提供标注都是基于人体实例的,因此它们都提供了人体检测标注,而且彼此之间也存在着一些共性。观察表 3-1 可知,COCO-D 是一个特殊的数据集,它不仅提供了密集姿态估计的标注,还提供了人体姿态估计标注。这意味着仅使用 COCO-D 数据集就可以完成密集度估计和人体姿态估计两个任务的多任务训练。然而,由于 COCO-D 数据集样本的缺乏,COCO-D 数据集在人体姿态估计任务上的性能不如 COCO-K,这也是对多个数据源进行多任务训练的潜在优势,某些困难的任务将从多任务训练中受益。

3.2.2 模型的结构设计

本章的目标是在 4 个不同的数据集上训练基于区域的模型,因而改进模型架构并不是本章的目的。在本章中,MSL-base 采用最简单的 Mask R-CNN 作为基础网络,增加相应任务的网络分支来进行多任务学习。同时,本章为了克服多个数据集之间的域差异性,对数据和任务之间进行了权衡,并为模型训练提供更好的初始化策略。在模型训练过程中采用了基于任务调度的数据比例采样策略(Data Proportional Sampling),并提出了基于损失加权的梯度均衡策略(Gradient Equalization,GE)以及基于迁移相关性的实例级迁移学习(Instance-level Transfer Learning, Ins-transfer)策略。

1. 模型架构

MSL-base 模型的模型架构如图 3-2 所示,其本质是一种共享主干的多任务学习架构。MSL-base 使用原始的 ResNet 和 FPN 作为主干网络。Mask R-CNN 可以基于 COCO-P 数据集完成人体检测和人体实例分割 2 个任务。为了同时完成其他的 3 个任务,除了人体检测分支和人体实例分割分支之外,本章还将 3 个具有相同结构的网络分支附加到 FPN 主干上,用于完成人体姿态估计、人体解析和密集姿态估计任务。其中,人体检测任务的网络分支由 2 个全连接层组成,人体实例分割任务的网络分支由 4 个卷积核大小为 3×3 的卷积层构成,而另外的人体姿态估计任务分支、人体解析任务分支以及密集姿态估计任务分支的网络分别由 8 个卷积核大小为 3×3 的卷积层构成。如图 3-2 所示,通过为每个任务分别设置特定的网络分支,可以更加清晰直接地完成多任务的学习,这也是区域卷积网络架构的优点之一。

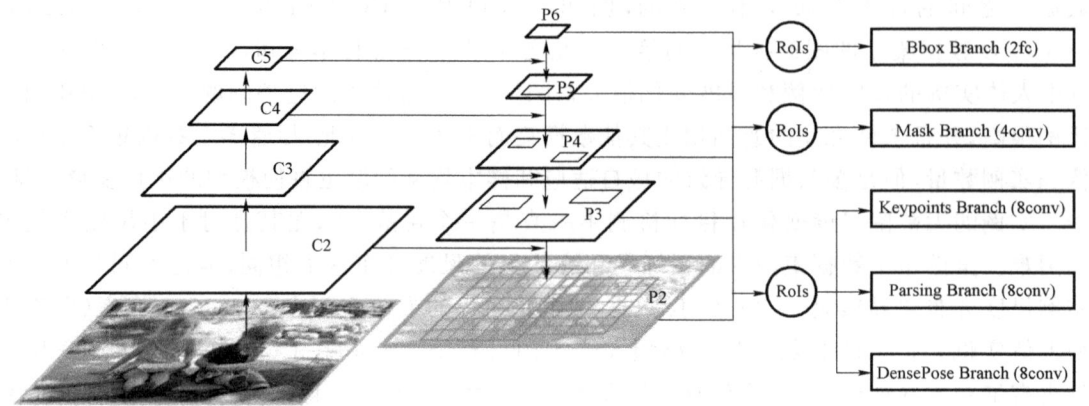

图 3-2 MSL-base 网络结构示意图

2. 数据比例采样

如表 3-1 所示,不同数据集的样本数量差异很大。在训练集中,4 个数据集的图像数量比例约为 2∶2∶1∶1(COCO-P∶COCO-K∶CIHP∶COCO-D)。对于神经网络的反向传播而言,如果一个小型批处理由来自多个数据集的样本组成,而每个数据集提供的标注类型又有很大不同,则相对于某个任务的梯度可能会很不稳定,因为每个任务的实际批处理大小实际上已减小了。从而会导致整个网络的整体梯度不稳定,极易容易梯度爆炸问题。为了确保训练的稳定性,本章基于多任务学习中的任务调度的思想,用于模型训练的每一个小批量随机地从一个数据集中采样图像,并且仅更新主干网络与该数据集对应的网络分支。每个数据集的采样频率与数据集的图像数量有关,图像数量越大的数据集被采样的频率越高,这样可以使得每张图像被训练到的频次是基本一致的。数据比例采样是 MSL-base 的基础设置,如果不采用该设置模型训练时会发生梯度爆炸,导致模型无法收敛。

3. 梯度均衡

由于每个任务的损失函数具有不同的计算方式和规范化策略。简单地将所有任务的损失加到一起,可能会带来某个甚至所有任务的精度的退化。本章基于多任务学习中损失加权的思想,通过以下的损失重新加权策略来纠正此问题:

$$L = L_{bbox} + \delta \cdot L_{mask} + \alpha \cdot L_{keypoint} + \beta \cdot L_{parsing} + \gamma \cdot L_{densepose} \quad (3-1)$$

人体检测损失 L_{bbox}(包括边界框分类和回归损失)、人体实例分割损失 L_{mask}、人体姿态估计损失 $L_{keypoint}$、人体解析任务损失 $L_{parsing}$ 和密集姿态估计损失 $L_{densepose}$(包括人体部位分割、U 坐标回归、V 坐标回归和 UV 索引损失)的定义均与主流的方法相同。对于公式中超参数 δ、α、β 和 γ 的值难以确定,一种做法是可以对这 4 个超参数执行网格搜索。但这显然效率很低,尤其是当任务数量增加时,搜索空间将随着几何级数的增长而增长。因此,在本章基于多任务学习的损失加权思想,提出了一种简单而有效的策略,称为梯度均衡(Gradient Equalization,GE)。梯度均衡策略可以很好地平衡不同任务的损失,降低任务之间的梯度竞争从而提高性能。根据上述公式,每个网络分支的权重与相应任务的损失成反比,并通过所有任务的最大损失对权重进行归一化:

$$\delta = \frac{\bar{L}_{\max}}{\bar{L}_{\text{mask}}}, \alpha = \frac{\bar{L}_{\max}}{\bar{L}_{\text{keypoint}}}, \beta = \frac{\bar{L}_{\max}}{\bar{L}_{\text{parsing}}}, \gamma = \frac{\bar{L}_{\max}}{\bar{L}_{\text{densepose}}} \tag{3-2}$$

式中,$\bar{L}_{\max} = \max(\bar{L}_{\text{mask}}, \bar{L}_{\text{keypoint}}, \bar{L}_{\text{parsing}}, \bar{L}_{\text{densepose}})$,每个任务的损失值 $\bar{L}$ 取前 1 000 次迭代的平均值。

4. 实例级迁移学习

由于人体实例分割、人体姿态估计、人体解析和密集姿态估计之间有着相似的任务特点,因而本章基于多任务学习中的迁移相关性思想,提出了实例级迁移学习(Instance-level transfer learning, Ins-transfer)方法来促进每个任务的学习。在典型的图像级迁移学习中,采用从源域学习的预训练模型并对其进行微调,以使其适合目标域中的数据。对于基于区域的方法,每个任务的网络分支都可以理解为一个独立的神经网络。MSL-base 通过并行处理多个任务的网络分支,使得每个任务从不同的数据源中进行学习。与传统方式不同,实例级迁移学习使用单个任务分支参数初始化其他任务分支。更具体地说,本章首先从一个数据源(COCO-P、COCO-K、COCO-D 或 CIHP)训练单任务 Mask R-CNN,然后使用训练后的模型的主干网络和人体检测网络分支的参数,初始化 MSL-base 的主干网络和人体检测网络分支;并使用该模型训练好的特定任务(人体实例分割、人体姿态估计、人体解析或者密集姿态估计任务)的网络分支参数初始化其他任务的网络分支。通过实例级迁移学习,MSL-base 可以从相同的数据源中预训练不同任务的网络分支,从而降低数据源差异带来的域适应性问题。

3.3 实验结果与性能分析

3.3.1 相关实验设置

为了展现出 MSL-base 的优势,本节的超参数设置遵循 Mask R-CNN,具体实现如下。

1. 实验设置

实验基于 Detectron2 框架,模型均使用 ResNet-50 作为主干网络,通过使用从[512,864]像素中随机采样的图像尺度来进行训练,推理图像为 800×1333 像素。在具有 8 个 NVIDIA Titan Xp GPU 的服务器上,采用 SGD 训练。每个 GPU 的 mini-batch 包含 2 张图像,并使用 0.001 的权重衰减(Weight decay)和 0.9 的动量(Momentum),每张图像都采用最多 512 个 RoI 个用于训练人体检测分支,以及最多 32 个 RoI 用于训练其他任务网络分支。其他详细信息与 Mask R-CNN 中的相同。

① MSL-base 实验设置。对于各个数据集来说,数据集的数据量不同,因此对于 COCO-P 和 COCO-K 数据集,1×训练计划表示 90K 次迭代,而对于 CIHP 和 COCO-D 数据集,1×训练计划表示 45K 迭代。当多个数据集参与 MSL-base 时,迭代次数是所有任务的总和。特别的,由于大多数 COCO-D 和 COCO-K 的样本都包含在 COCO-P 中,因此对于人体实例分割、人体姿态估计和密集姿态估计任务的组合,仍将 90K 用作 1×训练计划。因此,本章的 1×训练策略只需要 135K(90K+45K)次的训练迭代次数即可在上述 4 个数

据集上训练 MSL-base 模型。相较于数据蒸馏和分支级优化方法，MSL-base 在训练迭代次数上降低了不少。

② 单任务实验设置。为了将 MSL-base 模型与各个任务的主流实现的单任务方法进行比较，本节还对单任务方法进行了实验。实验设置如下：

（1）人体检测与人体实例分割。对于人体检测和人体实例分割任务，本章采用了在实例分割任务中广泛使用的 Mask R-CNN 网络，人体检测分支有 2 个全连接层，人体实例分割分支有 4 个堆叠的卷积层。模型使用 COCO-P 数据集进行实验，同时进行人体检测与人体实例分割任务。实验设置遵循 Mask R-CNN 原文，训练迭代 90K 次，初始学习率设置为 0.02，并在迭代次数达到 60K 和 80K 次时将学习率下降为 1/10。需要说明的是，由于本章的实验基于 Detectron2 框架，因此实验精度结果要高于原文精度。

（2）人体解析。对于人体解析任务，网络架构遵循 Mask R-CNN，人体解析的网络分支有 8 个堆叠的卷积层。模型使用 CIHP 数据集进行实验，由于 CIHP 数据集的数据量较少，因此在训练集上 1× 训练计划为 45K 次迭代。初始学习率设置为 0.02，依次在第 30K 次迭代和第 40K 次迭代时将学习率下降为 1/10。其他的实验设置遵循 Mask R-CNN 原文。

（3）人体姿态估计。该任务的网络架构遵循 Mask R-CNN，人体姿态估计的网络分支有 8 个堆叠的卷积层。模型使用 COCO-K 数据集进行训练，1× 训练计划的迭代次数为 90K 次迭代，初始学习率为 0.02，在迭代次数为 60K 和 80K 次时将学习率下降为 1/10，其他实验设置遵循 Mask R-CNN 原文。

（4）密集姿态估计。密集姿态估计任务的网络架构遵循 Densepose R-CNN（与 Mask R-CNN 设置相同，因此后续均称为 Mask R-CNN），对应的网络分支有 8 个堆叠的卷积层，并在每个卷积层后面增加了一个组归一化（Group Normalization，GN）[201]层来保证训练稳定。模型使用 COCO-D 数据集进行训练，初始学习率设为 0.02，训练迭代为 90K，并在迭代次数为 60K 和 80K 次时将学习率下降为 1/10，其他实验设置遵循 Mask R-CNN 网络。

2. 评价指标

为了评估多任务模型的性能，本书采用了标准的度量标准，为每个任务设置不同的指标。

对于人体检测任务，采用了 AP^{bb} 和 AP^{bb}_{50}；

对于人体实例分割任务，采用了基于掩码的平均精度 AP^m 和 AP^m_{50}；

对于人体姿态估计任务，采用了基于关键点相似度的平均精度 AP^{kp} 和 AP^{kp}_{50}；

对于人体解析任务，采用了标准的平均交并比 mIoU 和基于部位的平均精度 AP^p；

对于密集姿态估计任务，采用了基于测量点相似度的平均精度 AP^d 和 AP^d_{50}。

3.3.2 基础单/多任务实验对比

首先，本节不加任何技巧采用 Mask R-CNN 作为基础架构。在其基础上，增加用于对应任务的网络分支，对人体检测、人体实例分割、人体解析、人体姿态估计以及密集姿态估计 5 个人体视觉理解子任务进行多任务学习。将这一最基础的模型架构称为混合基准（Mix-baseline），即只采用数据比例采样保证网络可以正常训练，而不包含本章提出的梯度均衡和实例级迁移学习策略。以 ResNet-50 作为主干网络，利用 Mask R-CNN 作为单任务模型来分别对以上5个人体视觉理解子任务进行训练和推理。结果如表3-2所示。其中BBox表示人体检测、Mask表示人体实例分割、Parsing表示人体解析、Keypoints表示人体姿态估计、Densepose表示密集姿态估计。

如表3-2所示,可以观察到,Mix-baseline模型在一些子任务中具有明显的优势,如密集姿态估计任务,相比于Mask R-CNN的单任务精度,模型的精度有明显的优势。这是因为在COCO-D数据集中,大型实例占主导地位几乎没有中小型实例,而在COCO-P、COCO-K和CIHP中,小、中、大型实例都较为丰富,尤其是在COCO-P和COCO-K数据集中,小型和中型实例占比约39.3%。因此通过人体实例分割、人体姿态估计等任务的训练,使得人体检测任务精度提升,从而提升密集姿态估计任务的精度。

表3-2 人体视觉理解5个子任务的单任务/多任务对比实验

Methods	Iters	BBox AP^{bb}/AP^{bb}_{50}	Mask AP^m/AP^m_{50}	Parsing mIoU/AP^p	Keypoints AP^{kp}/AP^{kp}_{50}	Densepose AP^d/AP^d_{50}
Mask R-CNN (mask)	90K	54.7/81.4	47.4/79.3			
Mask R-CNN (parsing)	45K			47.4/44.5		
Mask R-CNN (keypoints)	90K				61.9/84.9	
Mask R-CNN (densepose)	90K					56.1/90.6
Mix-baseline	135K	53.1/80.9	46.3/77.9	45.1/43.7	61.6/84.1	59.1/91.8

还可以观察到人体解析任务的精度有一定程度的下降。由于人体解析任务使用CIHP数据集,CIHP与COCO-P、COCO-K和COCO-D的数据来源不同。这种数据域的差异会带来域适应问题,从而影响了人体解析任务的精度。而对于密集姿态估计、人体实例分割、人体姿态估计3个子任务来说,由于它们都来自同一数据源COCO2017,因此在训练时不存在域适应的问题。

3.3.3 消融实验

在本节中为Mix-baseline模型添加了梯度均衡和实例级迁移学习的策略,得到混合监督学习的基本模型MSL-base。为了评估不同方法如何影响MSL-base的性能,本节对梯度均衡以及实例级迁移学习策略进行消融实验,以验证模型的有效性。

(1) 梯度均衡。损失权重的取值分别为$\delta=1,\alpha=0.5,\beta=2.0,\gamma=1.0$。表3-3所示为采用/不采用梯度均衡的结果。通过采用梯度均衡策略,MSL-base在人体解析任务中得到了显著改善,在mIoU上提升了2.6点,人体检测任务和人体实例分割任务也有一定程度的提升。与Mix-baseline相比,尽管增加了人体解析任务的损失权重,但基本上并未降低人体姿态估计任务和密集姿态估计任务的性能。通过以上实验表明,可以通过梯度均衡策略来降低不同任务的梯度竞争,从而使模型学习更好的人体特征,进而提升一些任务的精度。

表 3-3 梯度均衡消融实验

Methods	BBox		Mask		Parsing		Keypoints		Densepose	
	AP^{bb}	AP^{bb}_{50}	AP^m	AP^m_{50}	mIoU	AP^p	AP^{kp}	AP^{kp}_{50}	GPS^m	GPS_{50}
Mix-baseline	53.1	80.9	46.3	77.9	45.1	43.7	61.6/	84.1	59.1	91.8
+GE	54.0	81.9	47.0	79.1	47.7	45.8	61.3	84.6	59.3	91.6
△	+0.9	+1.0	+0.7	+1.2	+2.6	+2.1	-0.3	+0.5	+0.2	-0.2

（2）实例级迁移学习。为了研究不同数据集对模型精度的影响，本节对预训练数据集的选取进行了研究。如表 3-4 所示，实验分别采用 ImageNet[202,203]、COCO-K、CIHP 以及 COCO-D 作为预训练数据集对模型进行预训练，然后对模型进行初始化并评估人体姿态估计、人体解析以及密集姿态估计任务的结果。相对于常用的 ImageNet 进行预训练，实例级迁移学习获得了更好的结果。通过采用 COCO-K 数据集进行预训练，与在 ImageNet 上预训练相比，在人体姿态估计、人体实例解析以及密集姿态估计任务中分别获得了 1.5 点 AP^{kp}，1.3 点 AP^p 和 0.5 点 AP^d 的提升。借助 CIHP 预训练，人体解析的 AP^p 精度提高了 1.5 点（从 43.7% 到 45.2%），mIoU 提高了 1.8 点（从 45.1% 到 46.9%）。同时还可以发现，COCO-K 和 CIHP 预训练都可以大大提高密集姿态估计任务的性能，这表明更多的样本或更全面的标注可以改善某些任务学习的效果。

表 3-4 实例级迁移学习对比实验

Methods	Keypoints		Parsing		Densepose	
	AP^{kp}	AP^{kp}_{50}	mIoU	AP^p	AP^d	AP^d_{50}
ImageNet	61.6	84.1	45.1	43.7	59.1	91.8
COCO-K	63.1	85.4	46.5	45.0	59.6	91.6
CIHP	61.7	85.0	46.9	45.2	59.5	91.5
COCO-D	61.7	84.2	44.5	43.2	59.9	91.8

本章在后续实验设置中以 COCO-K 数据集作为预训练数据集，因为 COCO-K 数据集具有规模最大，数据最多样化的样本。其次，由于 CIHP 的数据来源与 COCO-K 和 COCO-D 的数据来源不同，因此相比于 CIHP 数据集来说，使用 COCO-K 数据集进行预训练可以最大程度地缓解任务之间的域适应问题。

如表 3-5 所示，本节选择使用 COCO-K 数据集来进行预训练，并采用训练后的人体姿态估计模型初始化多任务模型的人体解析、人体姿态估计、密集姿态估计 3 个任务的分支网络，由于人体检测及人体实例分割的分支结构与前三个任务不同，因此没有明显的精度提升。经过实例级迁移学习，人体解析、人体姿态估计、密集姿态估计等子任务的精度都有提升，人体姿态估计任务精度提升了 1.5 点，人体解析任务提升了 1.4 点，密集姿态估计任务略微提升。

表 3-5 实例级迁移学习消融实验研究

Methods	BBox	Mask	Parsing	Keypoints	Densepose
	AP^{bb}/AP^{bb}_{50}	AP^m/AP^m_{50}	mIoU/AP^p	AP^{kp}/AP^{kp}_{50}	AP^d/AP^d_{50}
Mix-baseline	53.1/80.9	46.3/77.9	45.1/43.7	61.6/84.1	59.1/91.8
+Ins-transfer	53.7/81.7	46.7/78.7	46.5/45.0	63.1/85.4	59.6/91.3
△	+0.6/+0.8	+0.4/+0.8	+1.4/+1.3	+1.5/+1.3	+0.5/-0.5

将梯度均衡和实例级迁移学习策略用于 Mix-baseline 模型，即为本章的 MSL-base 模型。如表 3-6 所示，通过梯度均衡和实例级迁移学习策略的使用，MSL-base 几乎在所有任务精度上都有提升，证明了梯度均衡策略和实例级迁移学习策略的有效性。

表 3-6 MSL-base 中重要组件的精度提升

Methods	BBox AP^{bb}/AP^{bb}_{50}	Mask AP^m/AP^m_{50}	Parsing mIoU/AP^p	Keypoints AP^{kp}/AP^{kp}_{50}	Densepose GPS^m/GPS_{50}
Mix-baseline	53.1/80.9	46.3/77.9	45.1/43.7	61.6/84.1	59.1/91.8
+GE	54.0/81.9	47.0/79.1	47.7/45.8	61.3/84.6	59.3/91.6
+Ins-transfer	53.7/81.7	46.7/78.7	46.5/45.0	63.1/85.4	59.6/91.3
MSL-base	55.0/82.8	47.7/79.6	49.1/46.9	63.5/85.8	60.6/91.6

3.3.4 模型性能分析

1. 与数据蒸馏及分支级优化方法比较

本章的 3.1 小节介绍了两种简单的非端到端多数据源多任务学习方法（数据蒸馏和分支级优化），并分别描述了它们的优缺点。在这里将这些方法与 MSL-base 相比，评估这些方法的效率和精度，得到结果如表 3-7 所示。可以看出 MSL-base 的多个子任务的整体精度较为均衡，所有人体视觉理解的子任务精度均高于或者等于数据蒸馏和分支级优化方法。

表 3-7 MSL-base 与单任务和多任务方法的对比

	Methods	Backbone	BBox AP^{bb}/AP^{bb}_{50}	Mask AP^m/AP^m_{50}	Parsing mIoU/AP^p	Keypoints AP^{kp}/AP^{kp}_{50}	Densepose AP^d/AP^d_{50}
单任务	OpenPose	VGG19				61.8/84.9	
	Mask R-CNN	ResNet-50	53.6/77.4	45.8/76.8			
	PGN	ResNet-101			55.8/		
	CE2P	ResNet-101			63.7/		
	Densepose R-CNN	ResNet-50	59.5/87.4				56.1/90.6
多任务	Data Distillation	ResNet-50	52.4/76.1	44.0/75.5	48.8/48.2	61.4/85.2	49.1/88.3
	Head-wise Optimizing	ResNet-50	53.0/76.8	44.2/75.5	47.0/44.2	61.9/84.9	51.0/87.7
	MSL-base	ResNet-50	55.0/82.8	47.7/79.6	49.1/46.9	63.5/85.8	60.6/91.6

就模型效率而言，MSL-base 作为一种端到端训练的方法要优于另外两种非端到端方法。首先，数据蒸馏方法总共需要 405K 次迭代来训练模型，其中有 90K、90K、45K、45K 次迭代分别用于训练 4 个独立的单任务模型，而另外还有 135K 次迭代用于训练统一的多任务模型；分支级优化方法所需的迭代次数为 270K 次，是 4 个任务所需迭代次数的总和。而 MSL-base 仅需要 135K 次迭代，是数据蒸馏方法所需迭代次数的三分之一、分支级优化方法的二分之一。相比而言，MSL-base 大大减少了训练迭代次数，凸显了其高效性。

就模型精度而言，相较于数据蒸馏方法，MSL-base 在人体检测、人体实例分割、人体解析、人体姿态估计和密集姿态估计任务中分别提高了 2.6 点、3.7 点、0.3 点、2.1 点和 11.5 点的精度。不正确的标注会严重影响由数据蒸馏训练的模型的性能，而 MSL-base 则不会因为标注不够准确而受到影响。相较于分支级优化方法，MSL-base 在人体检测、人体实例分割、人体解析、人体姿态估计和密集姿态估计任务中分别提高了 2.0 点、3.5 点、2.1 点、1.6 点和 9.6 点的精度。如前所述，固定模型的权重可以使第一个训练任务达到单任务训练的准确性（即人体姿态估计），但会严重导致后续其他任务的准确率下降。因此在效率和准确性方面可以看出，对于人体视觉理解任务，MSL-base 是一个优良的多数据源多任务学习方法。

2. 与单任务方法比较

表 3-7 还列举了人体视觉理解各个子任务的主流单任务方法。将本章的方法与 Mask R-CNN、Densepose R-CNN 方法进行了对比，可以看出，在人体姿态估计任务和密集姿态估计任务中，MSL-base 要高于主流的单任务精度，尤其是密集姿态估计任务，证明了 MSL-base 可以通过多数据源多任务学习提升一些困难任务的精度。在一些子任务中，由于 MSL-base 没有对这些任务进行针对性改进，因此没有主流的单任务方法精度高。在本书后续的章节中，还会对 MSL-base 进行优化，提升各个任务的性能。最后给出 MSL-base 的定性可视化结果，如图 3-3 所示。

图 3-3　MSL-base 的可视化结果

3.4 小结

针对人体视觉理解问题,基于多任务源多任务学习的思想,本章提出了混合监督学习的基本模型 MSL-base,并对其进行了详细的介绍和实验。MSL-base 通过数据比例采样、梯度均衡和实例级迁移学习策略,初步解决了多数据源多任务学习时多数据源域差异性和多任务梯度竞争问题。在 COCO-P、COCO-K、COCO-D 以及 CIHP 这 4 个数据集上,进行了 5 个人体视觉理解子任务的训练,实现了采用单一模型端到端完成人体检测、人体实例分割、人体解析、人体姿态估计以及密集姿态估计任务。

本章节还将与 MSL-base 与另外两种非端到端多数据源多任务学习方法对比,证明了 MSL-base 在效率和精度方面的优势。MSL-base 还可以在精度上与主流的单任务方法相媲美,在几个具有挑战性的基准上获得了领先的结果。在后续章节中,本书会进一步对面向人体视觉理解的混合监督学习进行深入分析,在多任务适用性、多数据源鲁棒性和可扩展性 3 个方面开展研究。

第 4 章

用于混合监督学习的解析区域卷积网络

混合监督学习是一种多任务学习方法,因此针对所学习的任务设计具有适用性的网络结构是十分必要的。针对人体视觉理解问题,人体存在着先验的几何结构信息,而且人与人、人与场景的位置关系也存在着重要信息,但是这些信息在之前的工作中并没有被充分研究。在进行人体解析和密集姿态估计等任务时,随着任务复杂度的增加,所需的人体特征就更加详细,如前者需要像素级的人体信息,后者需要将人体部位/密集点之间的几何和语义关系相关联,这就要求网络具备获取人体几何和上下文信息以及全局语义信息的能力。

因此,本章为了提升混合监督学习对于人体视觉理解多任务的适用性,对网络结构设计进行了全面的分析与研究。针对人体结构特点提出了解析区域卷积网络(Parsing R-CNN)[111],Parsing R-CNN 可以提取人体的上下文几何信息,并且引入了全局语义特征。具体而言,Parsing R-CNN 引入了几何和上下文编码模块,以扩大感受野并捕获人体不同部位之间的关系;引入了全局语义增强特征金字塔网络,确保每个独立的人体实例仍可以感知全局语义信息,从而提高了小目标、人体轮廓和容易混淆类别的解析性能;引入了解析重评分网络,为网络输出的人体解析解析结果预测准确的分数;还通过高分辨率特征以及大容量网络分支进一步提升精度。

Parsing R-CNN 对人体视觉理解的精度有着明显的改进,特别是对于人体解析和密集姿态估计等像素级人体视觉理解任务。本章通过理论分析和实验验证,Parsing R-CNN 的引入有效地提升了混合监督学习对于人体视觉理解多任务的适用性。

4.1 问题描述

随着卷积神经网络的发展,实例分割任务取得了很大的进步。然而其中一些成功的工作如两阶段方法的 Mask R-CNN,在扩展到人体视觉理解任务中仍然存在一些缺陷。首先,Mask R-CNN 的掩膜分支采用了一个轻量的全卷积网络用于预测与类别无关的实例掩膜,但是人体视觉理解需要更具备人体几何和上下文信息的特征;其次,Mask R-CNN 缺少全局语义特征,导致掩膜分支无法直接感知全局信息,这对于人体视觉理解而言是非常不利的;再次,现有的工作一般采用人体检测的分类得分作为人体解析等复杂任务的评分,这会导致评分与预测结果质量之间严重不一致。

因此,为了提升混合监督学习对于人体视觉理解多任务的适用性,本章针对人体结构特点提出了 Parsing R-CNN,它为像素级人体视觉理解任务提供了一种有效的方案。该方案可以成功地应用于人体解析和密集姿态估计任务,又可以对其他类似任务进行扩展。

4.2 具备全局语义信息的网络设计流程

本章提出的 Parsing R-CNN 的网络结构如图 4-1 所示。Parsing R-CNN 包含 4 个主要组件:主干网络、全局语义增强特征金字塔网络(Global Semantic Enhanced Feature Pyramid Network,GSE-FPN)、检测器(区域候选网络 RPN 和人体检测分支 BBox branch)、具有几何和上下文编码模块(Geometric and Context Encoding,GCE)和解析重评分网络(Parsing Re-Scoring Network,PRSN)的人体解析分支(Parsing branch)。

本节主要从网络设计的 3 个主要模块:几何和上下文编码模块、全局语义增强特征金字塔网络、解析重评分网络,以及采用高分辨率特征这 4 个部分进行展开。

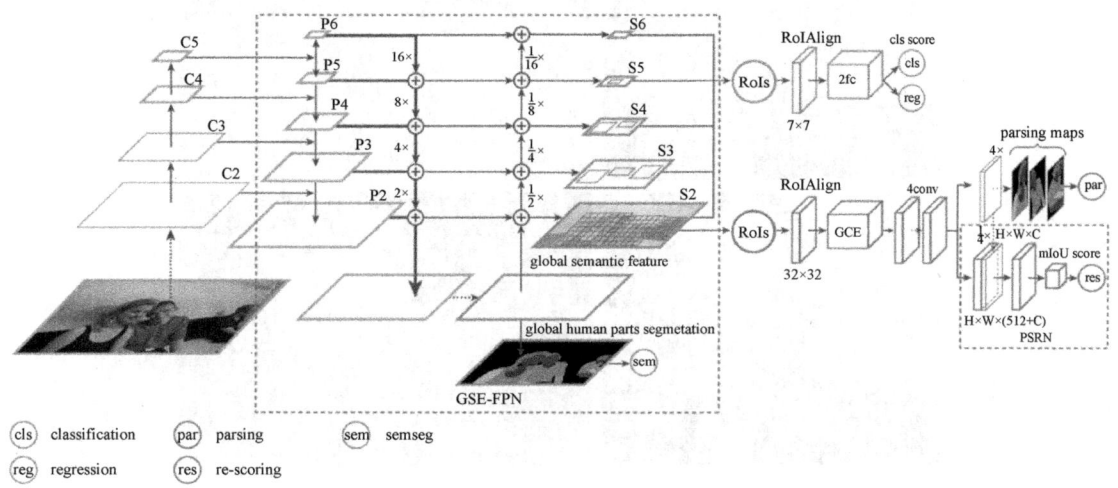

图 4-1 Parsing R-CNN 网络结构

4.2.1 几何和上下文编码模块

本节提出了一种几何和上下文编码模块,用于大网络感受野并捕获人体不同部位之间的关系。该模块由两部分组成,第一部分用于获取多级感受野和上下文信息,第二部分用于学习人体部位几何相关性。

1. 现存的问题

以前的工作倾向于在池化后的特征网络上应用全卷积网络(FCN)[204],从而预测实例的像素级掩膜。但是在人体解析任务的网络分支中使用 FCN 会具有明显的问题:首先,不同人体部位的尺度差异很大,这需要捕获多尺度信息的特征图;其次,人体部位在几何上具有相关性,因此需要全局表达来构建这种相关性;最后,32×32 的 RoI 需要较大的感受野,仅堆叠 4 个或 8 个 3×3 的卷积层是远远不够的。

2. 解决方案

空洞空间金字塔池化模块(Atrous Spatial Pyramid Pooling,ASPP)[205-207] 在语义分割任务中取得了很好的效果,它可以通过结合具有不同膨胀率的并行空洞卷积层来捕获多尺度信息。Wang 等[208]提出了非局部(Non-local)操作,并在几个基准上都展示了出色的性能。Non-local 能够捕捉长范围的依赖关系,对构建神经网络中的全局表达十分有价值。

为了使混合监督学习模型构能够快速捕捉多尺度信息和大范围依赖关系,本章结合了 ASPP 和 Non-local 方法的优势,提出了几何和上下文编码(GCE)模块来代替人体解析分支中的 FCN。如图 4-2 所示,所提出的 GCE 模块可以对每个人体实例的几何和上下文信息进行编码,从而有效地区分人体的不同部位。在 GCE 模块中,ASPP 部分包括 1 个全局特征操作、1 个 1×1 卷积和 3 个 3×3 空洞卷积,空洞卷积的膨胀率分别为 6、12、18。

图 4-2 使用 GCE 模块的效果对比,第一行显示不使用 GCE 的可视化结果,第二行显示使用 GCE 的可视化结果

全局特征操作采用全局平均池化(Global Average Pooling,GAP)生成图像级特征,然后进行 1×1 卷积之后采用双线性插值,把特征上采样至原始的 32×32 尺度。Non-local 部分采用嵌入式高斯模型,并且在最后一个卷积层中添加了 GN 层。GCE 模块中的所有卷积层均包含 256 个通道,详细结构如图 4-3 所示。

4.2.2 全局语义增强特征金字塔网络

全局语义增强特征金字塔网络(GSE-FPN)建立在被广泛使用的 FPN 结构之上。本章

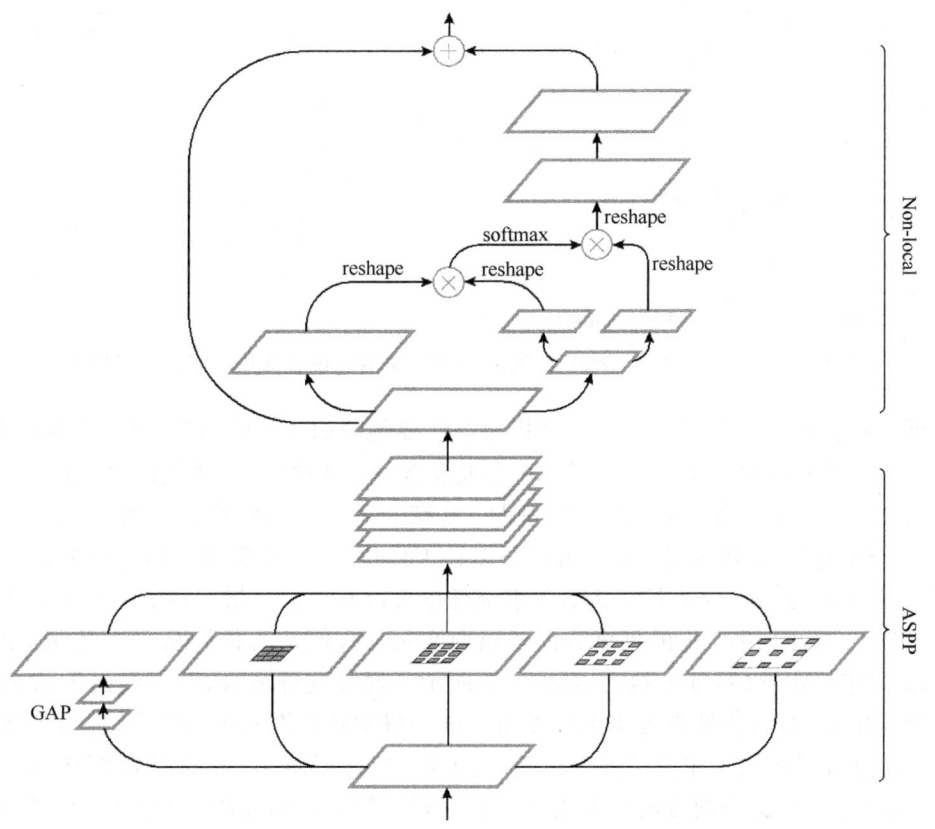

图 4-3　GCE 模块结构图，GAP 表示全局平均池化操作

将 FPN 生成的多尺度特征上采样到相同尺度并相加融合到一起，使用全局人体部位分割来监督和生成全局语义特征。然后将全局语义特征下采样到 FPN 各层特征对应的尺度，再分别将它们相加融合，得到具有全局语义信息的特征金字塔。通过 GSE-FPN 的使用，可以使得全局语义监督直接作用到特征金字塔，从而增强多尺度特征的全局语义信息。全局语义增强特征可以通过 RoIAlign 操作传递给人体解析分支，以确保每个独立的人体实例仍可以感知全局语义信息，从而提高了小目标和易混淆类别的解析性能。

1. 现存的问题

RoIAlign 的目的是在特征图上获取特定区域的特征，以便可以分别处理每个实例。但这使得实例无法直接感知网络的全局信息，对于人体解析任务而言是非常不利的。因为该任务不仅需要区分人体和背景，而且还需要通过了解人与人、人与环境等信息来更好地为每个像素指定相应的类别。因此，对于人体所处环境以及周围物体信息的学习是十分有价值的。

2. 解决方案

一些方法通过更改 RoIPooling 或 RoIAlign 选择的区域来感知更多有价值的信息。与这些方法不同，本章在应用 RoIAlign 之前显式地增强多尺度特征的全局语义表达。如图 4-4 所示，本章所提出的 GSE-FPN 在每个卷积层之后采用 GN 和 ReLU[209] 激活函数。

（1）候选区域分离采样。在 Faster-FPN 和 Mask R-CNN 中，采用尺度分配策略来收集 RoI，并根据 RoI 的尺度将它们分配给相应的特征金字塔。因此较大的 RoI 将分配给分

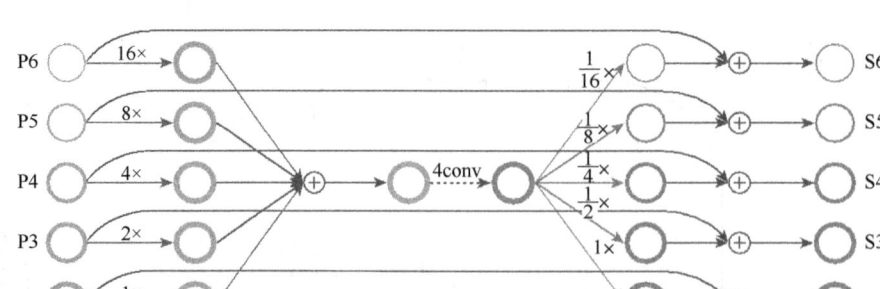

图 4-4　GSE-FPN 模块，圆用于表示特征图，圆的粗细程度用于表示空间比例

辨率较低的特征图。实例级别的人体解析通常需要精确识别人体的某些细节，例如眼镜、手表或左右手的像素区域。但是粗分辨率上的特征图无法提供更多详细信息，这并不利于人体解析任务的学习。为了解决这个问题，本章提出了候选区域分离采样（Proposals Separation Sampling，PSS）策略，该策略可以让人体检测、人体实例分割等任务仍然可以获益于多尺度特征，也保证了人体解析等像素级任务可以获得高分辨率特征。人体检测分支仍然遵从 FPN 在特征金字塔上的尺度分配策略（P2～P5），但是人体解析分支的 RoIPooling/RoIAlign 操作仅在 P2 特征上执行，如图 4-1 所示。通过这种方式，可以在人体检测受益于多尺度特征的同时，人体解析分支也可以通过高分辨率特征图来提取特征，保留人体细节。

（2）高分辨率特征。在语义分割领域，为了生成高质量的结果，往往需要获得高分辨率的特征，因而许多语义分割方法都采用了空洞卷积。但是空洞卷积会大大增加计算成本，并限制了多尺度特征的使用。为了保证网络的效率并生成高分辨率功能，本章扩展了 FPN 的多尺度输出。通过双线性插值将 FPN 生成的多尺度特征上采样到图 4-4 中的 P2 级别，每个特征图后都有一个 1×1 的 256 维卷积层，用于将特征对齐到相同的语义空间，然后将这些特征融合在一起以生成高分辨率特征。

（3）全局语义特征。如图 4-4 所示，GSE-FPN 模块在高分辨率特征之后堆叠 4 个 3×3 的 256 维卷积层，用于生成全局语义特征。这样的设计能够以简单高效的方式提高网络的表达能力。此外，本章还尝试了一些流行的用于语义分割任务的增强模块，例如 ASPP，但是实验表明这些模块对于提高人体的解析性能没有太大帮助。然后将 C 个通道的 1×1（C 为类别数量）卷积层附加到全局语义特征上，用了学习全局人体部位分割，从而引入全局语义信息。

（4）多尺度特征融合。通过以上结构，GSE-FPN 模块可以获得高分辨率的全局语义特征。由于全局语义信息也可以为边界框分类和回归带来性能提升，因此本章将全局语义特征降采样为图 4-4 中 P3～P6 的尺度，并以逐元素相加的方式将它们与同尺度的 FPN 特征融合。本章将融合后得到的新特征称为全局语义增强多尺度特征，如图 4-4 中 S2～S6 所示。解析分支还遵循候选区域分离采样策略，即采用 S2～S6 级特征提取人体检测分支的区域特征，但仅将 S2 级特征传入人体解析分支。

4.2.3　解析重评分网络

解析重评分网络（Parsing Re-Scoring Network，PRSN）的目的是为网络输出的人体解析结果预测准确的分数，并且可以灵活地集成到人体解析分支中。

1. 简洁轻巧的设计

本章所提出的 PRSN 模块遵循简洁轻巧的设计,不会为模型训练和推理带来太多的计算成本。PRSN 接收两个输入,一个是 $N\times512\times32\times32$ 维的解析特征图,另一个是 $N\times C\times128\times128$ 维的分割概率图(N 是 RoI 的数量,C 是类别数量),接着采用步幅为 4、卷积核为 4 的最大池化层,使概率图与解析特征图具有相同的空间尺寸。之后将降采样的概率图和解析特征图连接在一起,在其后连接两个 128 维的 3×3 卷积层。最终通过全局平均池化层、两个 256 维全连接层,以回归预测解析图和标注解析图之间的 mIoU。

2. IoU-aware 的标注解析图

PRSN 将预测解析图和匹配的标注解析图之间的 mIoU 定义为回归目标。人体解析分支可以输出每个人体实例的解析概率图,并通过交叉熵函数计算其与真实值之间的损失。因此可以在现有框架中直接计算它们之间的 mIoU。值得注意的是,由于人体解析的准确性取决于人体检测分支的预测区域,使得预测结果与人体实例的真实位置存在一些偏差,但此偏差不会影响预测解析的得分,因此本章不会对此偏差进行校正。

4.2.4 高分辨率特征及大容量网络分支

人体解析任务通常需要区分数十种人体部位的类别,为了获得更详细的信息以区分实例中的不同人体部位,本章扩大了人体解析分支特征图的分辨率。另外,本节分析了如何通过增加人体解析分支的容量来有效地提高网络性能,并在此基础上提出了一种准确度高且计算开销小的组合方案。

1. 现存的问题

在一些早期的基于区域的方法中,为了充分利用预训练参数,RoIPooling 操作将 RoI 转换空间范围为 7×7 的小特征图,例如 Densepose R-CNN[24]。但是对于人体视觉理解任务来说,通常情况下大多数的人体实例在特征图中占据了很大比例,RoI 分辨率太低会丢失很多细节,因此这样的设置将会导致精度下降。

基于区域的方法可以并行处理每个 RoI,因此每个任务的分支都可以看作一个独立的神经网络,可以根据不同卷积层学习到的特征的特点将网络分为几个部分。例如,靠近输出的特征层会对整个实例有强烈的反应,而靠近输入的特征图则更有可能被局部纹理和图案激活。由此可知,在网络的不同位置增加计算容量将带来不同的性能提高。例如,Wang 等[208]建议在网络的前三个阶段添加非局部(Non-local)操作,以获得更好的结果。

2. 解决方案

(1) 扩大 RoI 分辨率。针对 RoI 分辨率过低造成细节丢失的问题,本章采用了最简单直观的方法:扩大 RoI 分辨率(Enlarging RoI Resolution,ERR)。本章在人体解析分支中采用 32×32 尺寸的 RoI,这会增加分支的计算成本,但会显著提高准确性。为了解决与 ERR 相关的训练时间变长和内存开销增加的问题,本章将人体解析任务的批处理大小与人体检测任务分离,并设定为固定值,从而在不会损失精度的同时提高了训练速度。

(2) 增加人体解析分支容量。这项工作将人体解析分支分为 3 个部分:GCE 之前、GCE 模块和 GCE 之后。通过实验发现,在 GCE 之后增加人体解析分支的能力是最有效的,将这个改进称为增加解析分支容量(Increasing Parsing Branch Capacity,IPBC)。尽管

GCE 模块可以学习多尺度信息和几何关系,但 GCE 学习的特征需要进一步优化以表示像素级别的人体信息。

4.3 实验结果与性能分析

4.3.1 相关实验设置

本章采用 ResNet-50 作为主干网络,在配备 8 个 NVIDIA Titan Xp GPU 的服务器上,基于 Detectron2 实现了 Parsing R-CNN。每个 GPU 的 mini-batch 包含 2 张图像,每张图像都采用最多 512 个 RoI 个用于训练人体检测分支,以及最多 32 个 RoI 用于训练人体解析分支。Parsing R-CNN 使用从 [512, 864] 像素中随机采样的图像尺度来进行训练,推理图像尺度为 800×1333 像素。对于 CIHP 数据集,共进行了 45K 次迭代训练,初始学习率设为 0.02,在第 30K 和第 40K 次迭代时下降为 1/10。对于 MHP-v2 数据集,将最大迭代次数设置为 CIHP 数据集的一半。其他的训练细节与 Mask R-CNN 中的相同。

4.3.2 评价指标

本节采用两种指标评估人体解析的性能。对于语义分割输出,采用 mIoU 来评估性能;对于实例级输出,使用基于部位的平均精度(AP^p)进行评估,该评估使用具有不同语义类别的部位级像素 IoU 来确定一个实例是不是真阳性。在实验中本章采用了 AP^p_{50} 和 AP^p_{vol} 的指标,前者的 IoU 阈值为 0.5,后者的 IoU 阈值为范围从 0.1 到 0.9 的 AP^p 的平均值,增量为 0.1。此外,本章还采用了正确解析语义部位(PCP)指标。

4.3.3 消融实验

本节介绍了 Parsing R-CNN 在人体解析任务中所有组件的消融实验。表 4-1 和表 4-2 分别提供了对 CIHP 和 MHP-v2 数据集的实验结果。

表 4-1 Parsing R-CNN 在 CIHP 数据集上人体解析实验结果

Baseline	ERR+IPBC	GCE	GSE-FPN	PSRN	mIoU	AP^p_{50}	AP^p_{vol}	PCP_{50}
ResNet-50								
√					47.2	41.7	45.4	44.3
√	√				53.5	58.5	51.7	56.5
√		√			56.2	64.6	54.3	60.9
√	√	√	√		58.2	67.4	55.5	62.1
√	√	√	√	√	58.2	71.6	58.3	62.2
Δ					+11.0	+29.9	+12.9	+17.9

表 4-2　Parsing R-CNN 在 MHP-v2 数据集上人体解析实验结果

Baseline	ERR+IPBC	GCE	GSE-FPN	PSRN	mIoU	AP_{50}^P	AP_{vol}^P	PCP_{50}
ResNet-50								
√					28.7	10.1	33.4	21.8
√	√				34.3	20.0	37.6	32.7
√	√	√			35.5	26.2	40.3	37.9
√	√	√	√		37.3	28.9	41.1	38.9
√	√	√	√	√	37.3	40.5	45.2	39.2
Δ					+8.6	+30.4	+11.8	+17.4

在表 4-1 中，对 CIHP 数据集进行了 Parsing R-CNN 的消融实验。实验观察到，本章节所提出的各项改进都可以提升网络性能。扩大 RoI 分辨率和增加人体解析分支容量（ERR+IPBC）可以提升各项指标；GCE 模块提升了人体解析指标 2.7 点，AP_{50}^P、AP_{vol}^P 和 PCP_{50} 分别提高了 6.1 点、2.6 点和 4.4 点；GSE-FPN 对全局人体部位分割非常有帮助，可产生 2.0 点的 mIoU 提升，全局语义特征还改善了实例指标，AP_{50}^P、AP_{vol}^P 和 PCP_{50} 分别提高了 2.8 点、1.2 点和 1.2 点；使用 PRSN，实例指标的改善非常显著，AP_{50}^P 提高 5.7 点，AP_{vol}^P 提高 3.3 点。借助 GCE、GSE-FPN 和 PRSN，Parsing R-CNN 在 CIHP 上可达到 58.2 的 mIoU 和 71.6 的 AP_{50}^P。表 4-2 所示为 MHP-v2 数据集上的消融实验，通过 GCE、GSE-FPN 和 PRSN，人体解析的性能也得到了显著提高。特别地，PRSN 方法使得 AP_{50}^P 和 AP_{vol}^P 分别提高了 30.4 和 11.8 点。

4.3.4　与先进方法的比较

Parsing R-CNN 可显著提高人体解析任务的性能。为了进一步证明其有效性，本节分别将提出的 Parsing R-CNN 与 CIHP 和 MHP-v2 数据集上的最新方法进行了比较。定性结果如图 4-5 所示，每一行分别是以 ResNet-50 作为主干网络的 Parsing R-CNN 在 CIHP 和 MHP-v2 的验证集上的可视化结果。本节在 CIHP 和 MHP-v2 数据集上评估 Parsing R-CNN，并将结果与最新技术进行比较，包括自下而上和一阶段/两阶段自上而下的方法，

图 4-5　Parsing R-CNN 在 CIHP 和 MHP-v2 数据集上的可视化结果

如表 4-3 所示。在 CIHP 数据集上，Parsing R-CNN 达到了 61.8% 的 mIoU 和 77.2% 的 AP_{50}^P。与 PGN 相比，Parsing R-CNN 的性能优势巨大，AP_{50}^P 甚至领先 43.2 点。Parsing R-CNN 即使采用了较轻量化的主干网络，也可与一阶段自上而下的方法（例如 M-CE2P[107] 和 BraidNet[108]）相比。最后，通过使用测试数据增强方法，采用 RestNet50 的 Parsing R-CNN 可在 CIHP 上实现最先进的性能。

在 MHP-v2 数据集上，Parsing R-CNN 也具有出色的性能。与 M-CE2P 相比，Parsing R-CNN 的 AP_{50}^P 提高了约 10.8 点，AP_{vol}^P 提高了 4.1 点。借助 ResNet-50 主干网络，实现了 45.3% 的 AP_{50}^P、46.8% 的 AP_{vol}^P 和 43.8% 的 PCP_{50}。

表 4-3 多人人体解析方法在 CIHP 和 MHP-v2 数据集上的结果，
* 代表更长的训练周期，^代表使用测试数据增强

Database	Method	Backbone	Epochs	mIoU	AP_{50}^P	AP_{vol}^P	PCP_{50}
CIHP	自下而上						
	PGN^	ResNet-101	~80	55.8	34.0	39.0	61.0
	DeepLab v3+	Xception	100	58.9	—	—	—
	Graphonomy	Xception	100	58.6	—	—	—
	Grapy-ML	Xception	200	60.6	—	—	—
	两阶段自上而下						
	M-CE2P	ResNet-101	150	59.5	—	—	—
	BraidNet	ResNet-101	150	60.6	—	—	—
	SemaTree	ResNet-101	200	60.9	—	—	—
	单阶段自上而下						
	Unified	ResNet-101	~37	55.2	51.0	48.0	—
	Parsing R-CNN (ours)	ResNet-50	75	58.2	71.6	58.3	62.2
	Parsing R-CNN (ours)*	ResNet-50	150	60.2	74.1	59.5	64.9
	Parsing R-CNN (ours)*^	ResNet-50	150	61.8	77.2	61.2	70.5
MHP-v2	自下而上						
	MH-Parser	ResNet-101	—	—	17.9	36.0	26.9
	两阶段自上而下						
	M-CE2P	ResNet-101	150	41.1	34.5	42.7	43.8
	SemaTree	ResNet-101	200	—	34.4	42.5	43.5
	单阶段自上而下						
	Mask R-CNN	ResNet-50	—	—	14.9	33.8	25.1
	Parsing R-CNN (ours)*	ResNet-50	75	37.3	40.5	45.2	39.2
	Parsing R-CNN (ours)*^	ResNet-50	150	38.6	45.3	46.8	43.8

4.4 混合监督习模型的消融实验

本书第 3 章提出的混合监督学习的基本模型 MSL-base，采用最简单的 Mask R-CNN

作为基础网络。将 Parsing R-CNN 替换原本的 Mask R-CNN,在人体视觉理解的 5 个子任务上都实现了较高的精度。证明了本章所提出的网络结构能够在原本的 MSL-base 基础上,提升对人体视觉理解多任务的适用性。

4.4.1 单任务实验

由于只有人体解析、人体姿态估计和密集姿态估计这 3 个任务的网络分支适用 Parsing R-CNN 结构,且人体解析实验已在 4.3.1 章节给出,因而在此部分分别采用 Mask R-CNN 和 Parsing R-CNN 作为基础网络的姿态估计与密集姿态估计消融实验。

实验采用 ResNet-50 和 ResNet-101 作为主干网络,在用于人体姿态估计任务的 COCO-K 数据集上和密集姿态估计任务的 COCO-D 数据集上,分别采用 Mask R-CNN 和 Parsing R-CNN 作为基础网络进行人体姿态估计任务的消融实验。如表 4-4 和表 4-5 所示,本章所提出的 Parsing R-CNN 在 Mask R-CNN 的基础上有了一定幅度的精度提升。由此可见,Parsing R-CNN 适用于人体姿态估计以及密集姿态任务,并且在使用更为复杂的主干网络时,能够拥有更出色的表现。

表 4-4 在 COCO-K 数据集上采用 Mask R-CNN 和 Parsing R-CNN 作为网络结构的对比实验

Methods	Backbone	Keypoints	
		AP^{kp}	AP^{kp}_{50}
Mask R-CNN	ResNet-50	60.4	84.1
Parsing R-CNN		61.9	84.9
Mask R-CNN	ResNet-101	62.0	85.4
Parsing R-CNN		63.7	86.2

表 4-5 在 COCO-D 数据集上采用 Mask R-CNN 和 Parsing R-CNN 作为网络结构的对比实验

Methods	Backbone	Densepose	
		AP^d	AP^d_{50}
Mask R-CNN	ResNet-50	51.6	90.6
Parsing R-CNN		56.5	91.1
Mask R-CNN	ResNet-101	53.7	91.0
Parsing R-CNN		59.3	91.3

综合考虑本节的人体姿态估计与密集姿态估计实验与 4.3.1 节的人体解析实验,Parsing R-CNN 在这 3 个人体视觉理解任务中,相较于最先进方法与其结构基础 Mask R-CNN 都有了不同程度的精度提升,体现出 Parsing R-CNN 对于人体视觉理解多任务的适用性。因而在下一小节中,本章将会把 Parsing R-CNN 网络加入 MSL-base 的架构中进行 5 个人体视觉理解子任务的消融实验。

4.4.2 添加 Parsing R-CNN 网络的模型实验

在 4.3.1 节和 4.4.1 节中,将独立的 Parsing R-CNN 结构进行了人体解析、人体姿态估计、密集姿态估计 3 个任务的实验，说明了该网络设计在人体视觉理解中取得了出色的表现，且优于已有的先进方法。因而在本节中，尝试将其加入 MSL-base 的架构中，利用其具备人体几何和上下文信息以及全局语义信息的特点，更好地完善 MSL-base 的结构。

如表 4-6 所示，在本书提出的 MSL-base 的架构上引入本章节的 Parsing R-CNN 网络结构，在人体解析和密集姿态估计任务的改进较为明显，分别增长了 2 到 5 个点。这是由于这两个任务属于像素级人体视觉理解任务，对人体几何和上下文等改进较为敏感。其他的 3 个任务相对简单，并不需十分细节的人体特征，因而 Parsing R-CNN 对它们的提升不显著。

表 4-6 MSL-base 加入 Parsing R-CNN 在 5 个人体视觉理解子任务上的对比实验

Methods	Backbone	Iters	BBox AP^{bb}/AP^{bb}_{50}	Mask AP^{m}/AP^{m}_{50}	Parsing $mIoU/AP^{p}$	Keypoints AP^{kp}/AP^{kp}_{50}	Densepose AP^{d}/AP^{d}_{50}
MSL-base	ResNet-50	135K	55.0/82.8	47.7/79.6	49.1/46.9	63.5/85.8	60.6/91.6
＋Parsing R-CNN	ResNet-50	135K	55.3/83.0	48.2/79.9	54.4/53.1	64.0/86.1	65.1/93.0

4.5　小结

为了提升混合监督学习对多任务的适用性，本章节重点研究了适用于人体视觉理解的网络结构，并提出了解析区域卷积网络。通过引入了几何和上下文编码模块、全局语义增强特征金字塔网络以及解析重评分网络，MSL-base 可以捕获不同部位之间的关系，并增强多尺度特征的全局信息。

本章节还进行混合监督学习的实验，以 Parsing R-CNN 作为 MSL-base 的基础网络，最终在 5 个人体视觉理解子任务中都取得了较好的改进。实验结果表明，Parsing R-CNN 的加入能够提高 MSL-base 对人体视觉理解多任务的适用性，并提升像素级人体视觉理解任务的精度。

第 5 章

用于混合监督学习的空间注意力模块

在具备了适用于混合监督学习的多任务网络结构之后,其网络内部的模块设计对于整体架构而言也至关重要。尽管 Parsing R-CNN 的使用为混合监督学习网络架构提供了学习人体几何和全局语义信息的能力,但多数据源之间的差异并未得到良好的处理,各个子任务的表现仍具有进一步提升的空间。为了使得混合监督学习能够有效且一致地提升人体视觉理解的多项任务,就需要提高该方法对于多数据源的鲁棒性。

不同任务对应着不同的数据源,彼此之间存在着潜在的域差异性,且不同数据源中的人体实例数量、位置和尺度等信息也存在着显著的差异。为了解决以上的问题,需要提升模型对于多数据源的鲁棒性。本章通过研究空间注意力机制与感受野之间的关系,证实了空间注意力机制的正确使用可以有效地增加网络的感受野,从而能够增强网络的平移不变性和尺度不变性。基于上述分析,在本章中提出了一个简单的注意力激发感受野(Attention Inspiring Receptive-fields,Air)[225]模块,通过将其集成到 ResNet 中,可以构建出用于学习不变表达的 AirNet 网络结构,并且在多个具有挑战性的数据集上取得改进。它的应用进一步地完善了混合监督学习的基本模型,为人体视觉理解问题捕捉到了更多有价值的图像信息,提升了 MSL-base 对于多数据源的鲁棒性。

5.1 问题描述

变换不变性是视觉特征设计的重要目标,在该问题上 SIFT[210] 和 ORB[211] 是早期较为成功的工作。然而研究[200,212]表明,当目标在图像平面中平移几个像素或以很小的比例调整大小时,大多数网络的性能将严重下降。尽管有一些工作[213,214]专注于学习卷积神经网络的不变表达,但模块化的结构设计仍缺乏有效的方案。在人体视觉理解任务中,空间注意力机制可以快速从大量视觉信号中筛选出高价值的信息,并帮助模型专注于重要的部分。例如,人们优先关注场景中的人体实例,而不是纹理或者背景。残差注意力网络(Residual Attention Network,RAN)[215]是通过堆叠多个结合了注意力机制的残差模块而构建的,通过这种方式使得 RAN 在图像分类层面比 ResNet 更为准确。然而,RAN 并未验证空间注意力机制对更复杂的视觉任务的有效性。并且在计算机视觉领域,仍然缺乏分析空间注意力机制与网络感受野之间关系的工作,这一工作对于学习不变表达十分重要。

混合监督学习采用了多数据源多任务学习的思想,用于解决人体视觉理解问题。不同数据源中人体实例的差异性是很大的,人体的尺度、位置、比例、外观等有着较大的分布差异。本章通过研究空间注意力机制与感受野之间的关系,提出了注意力激发感受野模块,为增强混合监督学习对多数据源的鲁棒性提供了一个简单有效的方案。

5.2 注意力激发感受野模块的设计流程

本章提出了一种用于卷积神经网络的模块化结构单元,并将其称为注意力激发感受野(Air)模块。借助 Air 模块,可以通过空间注意力机制激发网络中的多级感受野,使特征具有更稳定的平移不变性和尺度不变性。Air 模块采用高效的模块化设计,可以轻松地嵌入到大多数网络结构中,尤其是 ResNet/ResNeXt[216],如图 5-1 所示。理论计算表明,该模块可以通过少量额外的计算和参数来增强网络的平移不变性和尺度不变性。

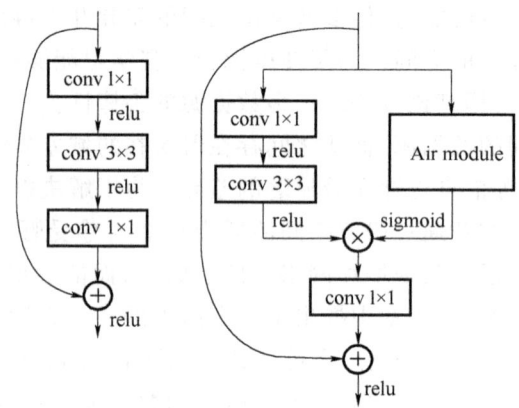

图 5-1 瓶颈残差模块(左)和嵌入 Air 模块的瓶颈残差(右)

5.2.1 Air 模块的设计思路

在 ResNet/ResNeXt 的瓶颈(Bottleneck)结构中,通过快速连接(Shortcuts)进行的恒等映射可以看作是一个计算单元,并定义为式(5-1):

$$y = \mathcal{F}(x, \{W_i\}) + x \tag{5-1}$$

式中,x 和 y 是图层的输入和输出向量。对于每个残差函数 $\mathcal{F}$,分别使用 3 个具有 1×1、3×3 和 1×1 内核的卷积层,其中 1×1 卷积层负责减小并还原通道维度。第一个 1×1 卷积和 3×3 卷积可以看作是核心的特征表达部分,而后一个 1×1 卷积用于增加维数。本章采用 $\mathcal{F}_{1,2}$ 和 $\mathcal{F}_3$ 分别表示前两个卷积运算和最后一个卷积运算,因此式(5-1)等价于式(5-2):

$$y = \mathcal{F}_3(\mathcal{F}_{1,2}(x, \{W_1, W_2\}), \{W_3\}) + x \tag{5-2}$$

另外,本章提出了注意激发感受野,将空间注意力机制引入 $\mathcal{F}_{1,2}$ 的输出特征:

$$y = \mathcal{F}_3(\mathcal{F}_{1,2}(x, \{W_1, W_2\}) * \mathcal{M}(x, \{W_m\}), \{W_3\}) + x \tag{5-3}$$

在式(5-3)中，$\mathcal{M}$是微型编码器-解码器结构，W_m是多个可学习的卷积权重。$\mathcal{M}$的输出是范围为[0,1]的软掩膜，$\mathcal{F}_{1,2}$和$\mathcal{M}$的空间分辨率在式(5-3)中必须相等。

1. 重新审视网络感受野

扩大感受野是增强语义特征表达的一种有效方式，且该方法能够很好地迁移到其他视觉任务。较大的感受野会使特征对平移和尺度变换的敏感性降低，因为较大的感受野可以使网络同时关注到图像平面中不同位置的实例，并对更多的上下文信息进行编码以消除背景干扰。

根据卷积神经网络中感受野的定义，应用大卷积核[217]或堆叠多个小卷积核是实现大尺度感受野的两种简单方法。但是，以这类方式增加感受野存在两个明显的问题。首先，多个卷积层将导致计算量和参数量的增加，并导致在训练阶段优化网络出现更多的困难。其次，在许多情况下，由于卷积参数的权重近似于高斯分布，通过堆叠多个卷积层获得的感受野的中心和边缘部分将不会受到同样的关注，这就导致了实际感受野的范围不如理论计算得那么大。

增加卷积神经网络中感受野的另一种方法也同样简单：即下采样操作。由于特征图较小，下采样将不会增加很多计算量。但将下采样的输出连接到主分支的特征，则将导致空间分辨率不匹配。即使采用上采样操作来恢复特征的尺寸，但由于下采样导致空间信息的丢失，仍然需要面对精度下降的问题。因此，如何利用下采样操作有效地激发较大的感受野是面临的主要挑战。

2. 编码器-解码器结构

为了扩大单个单元的感受野，本章将空间注意力机制用作掩膜分支并将其添加到瓶颈模块的主分支中。本章提出的Air模块是一种微型编码器-解码器结构，它的内部结构可以分为两个部分：①下采样操作，并连接3×3卷积层作为编码器部分；②上采样操作，作为解码器部分。Air模块的编码器部分可快速收集输入图像的上下文信息，并增加网络的感受野。解码器部分恢复输入特征的维度，并将全局信息与原始特征图结合在一起。池化层的目的是实现平移和缩放不变性，因此本章采用带有步幅的最大池化作为下采样操作。

根据瓶颈模块的设计思想，3×3卷积层的输出表示整个块的主要语义信息，两个1×1卷积层用于减小尺寸或增大尺寸。从理论上讲，可以将Air模块生成的软掩膜添加到3×3卷积层或整个残差块的输出中。与RAN不同，本章选择添加到3×3卷积层作为卷积特征的平移信息增强方案，这将带来两个好处：①减少计算量和参数量，这是由于通道尺寸的减小所致；②后续的1×1卷积层能够增强空间注意力机制的表达并保留残差学习的恒等映射。

因此，本章定义了带有Air模块的瓶颈模块，如式(5-3)所示。为方便起见，采用$\mathcal{D}$表示下采样操作，$\mathcal{U}$表示上采样操作，$\mathcal{M}$可以表示为

$$\mathcal{M} = \mathcal{U}(\mathcal{F}_m(\mathcal{D}(x), \{W_m\})) \tag{5-4}$$

$\mathcal{F}_m$是具有3×3内核的卷积层，$\mathcal{F}_m$的通道尺寸表示为$\mathcal{C}_m$：

$$\mathcal{C}_m = \mathcal{C}_{in}/r \tag{5-5}$$

式中，$\mathcal{C}_{in}$是指Air模块特征的通道尺寸，r是尺寸压缩比。与瓶颈模块类似，在下采样$\mathcal{D}$之前和上采样$\mathcal{U}$之后，使用两个1×1卷积层来调整通道尺寸。在每个卷积层之后，使用BN[218]

和 ReLU 激活函数,且将双线性插值用于上采样操作。最后,使用 Sigmoid 操作将软掩膜注意力范围标准化为 0 到 1 之间,以重加权 $\mathcal{F}_{1,2}$ 的输出。Air 模块的示意图如图 5-2 所示。

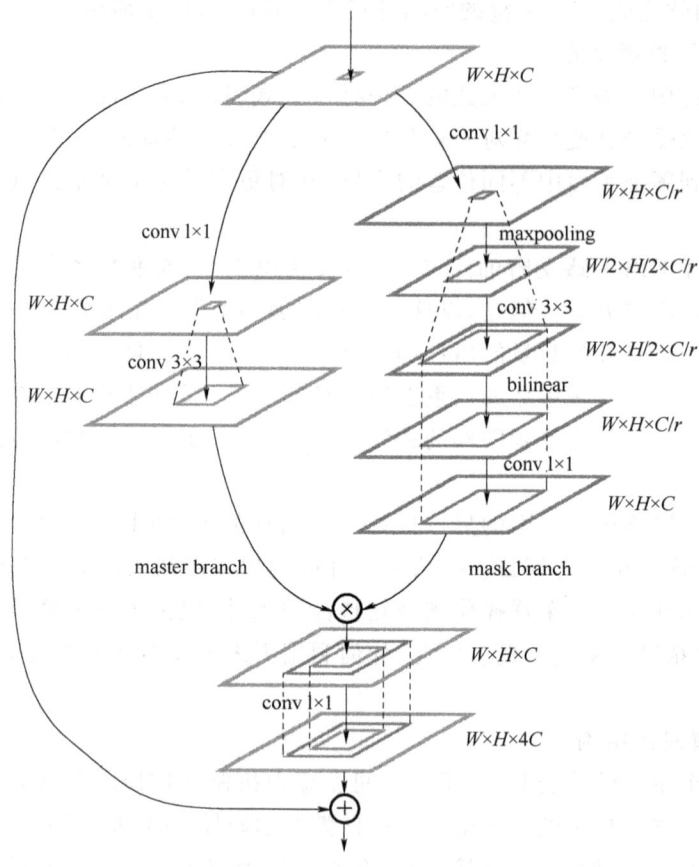

图 5-2 Air 模块的示意图

3. AirNet 和 AirNeXt

Air 模块的灵活性使其可以嵌入到大多数的卷积神经网络中,且不会破坏网络的正向和反向传播,并且能够以很小的额外计算和参数来学习不变表达。为了证明这一点,本章通过将 Air 模块集成到残差瓶颈模块中构成 AirNet 和 AirNeXt,以证实 Air 模块的性能。本章的 AirNet-50/AirNeXt-50 和 AirNet-101/AirNeXt-101 遵循了 ResNet 的设计准则,并在许多具有挑战性的数据集中都证明了其有效性。

5.2.2 Air 模块的实现流程

在本节中将讨论 AirNet 用于图像分类的准确性和计算量的权衡,并可视化 Air 模块的特征图。为了使 Air 模块在实践中可行,需要寻求一种可以应用于更广泛的视觉任务的设计。以 AirNet-50(带有 Air 模块的 ResNet-50)为例,本节将从 3 个方面分析 Air 模块的设计准则:①Air 模块添加至残差块的位置;②下采样操作类型;③尺寸压缩比。为了证明 AirNet 能够学习不变表达,本节还使用基于梯度的类激活图[219](Gradient-based Class Activation Map,Grad-CAM)来可视化特征图。

1. Air 模块添加至残差块的位置

作为一个灵活的模块,从理论上讲 Air 模块可以嵌入到任何残差阶段。但由于 Air 模块会带来额外的计算和参数,因此需要分析 Air 模块应嵌入到哪个以及多少个残差块中。在其他一些研究中[11],残差块的输出表示为 $\{C2,C3,C4,C5\}$,而这与本章的工作有点不同。本章将整个残差阶段表示为 $\{C2,C3,C4,C5\}$,对应的步幅则为 $\{4,8,16,32\}$。表 5-1 所示为将 Air 模块嵌入不同残差块的 AirNet-50 在 ImageNet 验证集的单次裁剪错误率(Single-crop Error Rates)。显然,将 Air 模块嵌入 $\{C2,C3,C4\}$ 和嵌入 $\{C2,C3,C4,C5\}$ 的网络都达到了较小的验证误差,并且低于只嵌入 $\{C2,C3\}$ 的网络。这 3 个实验还表明,将 Air 模块嵌入 C5 阶段不会显著地提高准确性。这是因为 C5 阶段中特征图的大小为 7×7,其分辨率太小会导致 Air 模块生成的掩膜过于粗糙。因此为了减少计算量和参数量,本章仅将 Air 模块嵌入 $\{C2,C3,C4\}$ 阶段。

表 5-1 Air 模块嵌入 AirNet-50 不同残差阶段在 ImageNet 验证集的单裁剪错误率

阶段	GFLOPs	MParams	Top-1 err.	Top-5 err.
$\{C2, C3, C4, C5\}$	4.93	31.98	21.80	5.85
$\{C2, C3, C4\}$	4.82	28.30	21.81	5.81
$\{C2, C3\}$	4.58	26.00	22.67	6.28

2. 下采样操作类型

在 Air 模块中,下采样操作起着赋予特征表达平移和尺度不变性的作用。可以通过平均池化、最大池化或步幅为 2 的卷积层执行下采样操作,这 3 种不同的操作将影响 AirNet 的效率和准确性。如表 5-2 所示,平均池化和最大池化都不会增加参数,并且额外增加的计算量是微不足道的。采用最大池化功能的 Air 模块的 Top-1 精度比采用平均池化提高 0.44 点,因而可以认为最大池化能够生成更多的语义显著性特征。卷积运算(步幅为 2、卷积核大小为 3×3)可以达到类似的 Top-1 精度(21.83% 和 21.81%),同时多消耗约 0.1 GFLOPs 的计算量(4.72 和 4.82)。本书中所有其他使用 Air 模块的实验均采用最大池化作为下采样方式。

表 5-2 Air 模块采用不同下采样操作在 ImageNet 验证集的单裁剪错误率(%)

下采样操作类型	GFLOPs	MParams	Top-1 err.	Top-5 err.
卷积	4.82	28.30	21.81	5.81
平均池化	4.72	27.42	22.27	6.21
最大池化	4.72	27.42	21.83	5.89

3. 尺寸压缩比

本章引入了尺寸压缩比 r 来改变模型中 Air 模块的容量和计算成本。如式(5-5)所定义,尺寸压缩比等于 Air 模块的输入通道数除以输出通道数。较大的 r 可以大幅减少 Air 模块的计算量,但也会降低 AirNet/AirNeXt 的容量。本章将 r 分别设置为 $\{1,2,4,8,16\}$,以分析 AirNet-50 的 ImageNet 验证集错误率。值得注意的是,当 $r=1$ 时,即没有减小 $\mathcal{F}_m$ 的通道数。实验结果示于表 5-3。

表 5-3 Air 模块采用不同尺寸压缩比在 ImageNet 验证集的单裁剪错误率

尺寸压缩比	GFLOPs	MParams	Top-1 err.	Top-5 err.
1	5.31	31.02	21.78	5.77
2	4.72	27.42	21.83	5.89
4	4.51	26.28	22.15	6.08
8	4.41	25.87	22.17	6.19
16	4.36	25.71	22.11	6.18

可以观察到,当将 r 设置为 $\{1,2\}$ 或 $\{4,8,16\}$ 时,各集合内的 r 的验证集错误率几乎相同。但是前者的验证错误率比后者低,从 0.28 点降至 0.39 点。这是由于 Air 模块的适当容量可以学习显著性特征,参数太多或太少都不会影响 AirNet 的准确性,而 $r=2$ 是平衡准确性与计算量的最佳选择。从计算量的角度来看,$r=2$ 的 AirNet-50 需要约 4.72 GFLOP,与 ResNet-50 相比仅增加了 8.7%。快速版本 AirNet-50($r=16$) 的计算仅增加了不到 0.5%。从准确性和泛化性方面考虑,本章将 r 设置为 2 并在后续实验中使用此参数。表 5-4 中对比了 ResNet-50 和 AirNet-50 的网络结构。

表 5-4 原始 ResNet-50(左),重新实现的 ResNet-50(中),$r=2$ 的 AirNet-50(右)

输出尺寸	ResNet-50	ResNet-50†	AirNet-50
112×112	conv,7×7,64,stride 2	$\begin{bmatrix} \text{conv},7\times7,64,\text{stride 2} \\ \text{conv},3\times3,32 \\ \text{conv},3\times3,64 \end{bmatrix}$	
56×56	maxpool,7×7,64,stride 2		
56×56	$\begin{bmatrix} \text{conv},1\times1,64 \\ \text{conv},3\times3,64 \\ \text{conv},1\times1,256 \end{bmatrix} \times 3$	$\begin{bmatrix} \text{conv},1\times1,64 \\ \text{conv},3\times3,64 \\ \text{conv},1\times1,256 \end{bmatrix} \times 3$	$\begin{bmatrix} \text{conv},1\times1,64 \\ \text{conv},3\times3,64 * \text{Air} \\ \text{conv},1\times1,256 \end{bmatrix} \times 3$
28×28	$\begin{bmatrix} \text{conv},1\times1,128 \\ \text{conv},3\times3,128 \\ \text{conv},1\times1,512 \end{bmatrix} \times 4$	$\begin{bmatrix} \text{conv},1\times1,128 \\ \text{conv},3\times3,128 \\ \text{conv},1\times1,512 \end{bmatrix} \times 4$	$\begin{bmatrix} \text{conv},1\times1,128 \\ \text{conv},3\times3,128 * \text{Air} \\ \text{conv},1\times1,512 \end{bmatrix} \times 4$
14×14	$\begin{bmatrix} \text{conv},1\times1,256 \\ \text{conv},3\times3,256 \\ \text{conv},1\times1,1024 \end{bmatrix} \times 6$	$\begin{bmatrix} \text{conv},1\times1,256 \\ \text{conv},3\times3,256 \\ \text{conv},1\times1,1024 \end{bmatrix} \times 6$	$\begin{bmatrix} \text{conv},1\times1,256 \\ \text{conv},3\times3,256 * \text{Air} \\ \text{conv},1\times1,1024 \end{bmatrix} \times 6$
7×7	$\begin{bmatrix} \text{conv},1\times1,512 \\ \text{conv},3\times3,512 \\ \text{conv},1\times1,2048 \end{bmatrix} \times 3$	$\begin{bmatrix} \text{conv},1\times1,512 \\ \text{conv},3\times3,512 \\ \text{conv},1\times1,2048 \end{bmatrix} \times 3$	$\begin{bmatrix} \text{conv},1\times1,512 \\ \text{conv},3\times3,512 \\ \text{conv},1\times1,2048 \end{bmatrix} \times 3$
1×1	global average pool,100-d fc,softmax		
MParams	25.5	25.5	27.4
GFLOPs	4.08	4.34	4.72

4. 特征可视化

本节使用 Grad-CAM 可视化 AirNet-50 和 ResNet-50 的 C4 阶段的最后一个残差块的

特征图。如图 5-3 所示，对于 AirNet-50，掩膜分支前的特征是 $\mathcal{F}_2$ 的输出，掩膜分支后的特征是 $\mathcal{M}$ 的输出，而模块的输出特征是 $\mathcal{F}_3$ 的输出，ResNet-50 也相同。本章在 ImageNet 验证集的狗、草莓和金鱼类别数据中随机选择 3 张图像，从掩膜前的特征可以看出，网络的注意力分散在整张图像上，而没有很好地集中在物体上。相反，Air 模块的输出更加关注物体并抑制了背景，掩膜后注意力的范围变得更大并更连续，这可以认为是空间注意力机制激发了更大感受野。

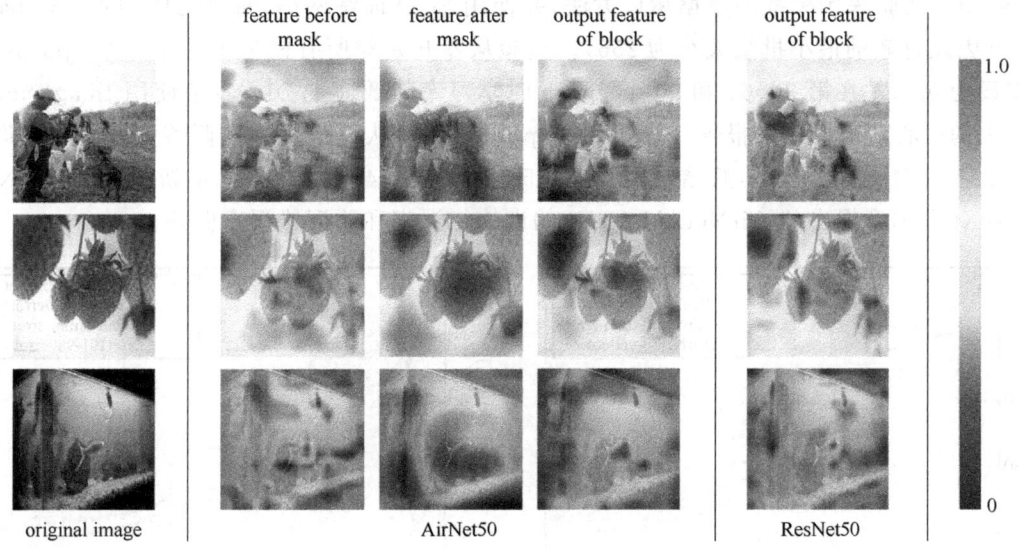

图 5-3　使用 Grad-CAM 可视化 Air 模块的空间注意力机制。ImageNet 验证集的原始图像（左），AirNet-50 最后一个块的特征图（中），ResNet-50 最后一个块的特征图（右）

为了便于与 ResNet-50 进行比较，本节还可视化了 $\mathcal{F}_3$ 的输出。由于使用了 Air 模块，AirNet-50 的块输出要比 ResNet-50 更好地专注于实例，并且大多数背景被削弱了。一个有趣的现象是，在第二行中，绿色草莓被当作背景的一部分，掩膜分支将其抑制了。这个案例中，从数据分布中学习 Air 模块的空间注意力机制是不正确的，这是因为绿色草莓在 ImageNet 数据集中很少见。这个现象可以看作是数据的自我控制机制，反而更能体现出 Air 模块的能力。

5.3　实验结果与性能分析

在本节中将在多个基准上展示 AirNet/AirNeXt 的有效性。并且证明其在人体检测、人体实例分割和人体姿态估计任务中的迁移学习能力。本节还在 ImageNet 数据集进行了一些实验，以验证 Air 模块的平移不变性和尺度不变性。

5.3.1　ImageNet 数据集的实验结果

ImageNet 数据集由来自 1 000 个类别的 1 280K 张训练图像和 50K 张验证图像组成，被广泛用于验证卷积神经网络的分类能力。其评估是根据 ImageNet 验证集的非黑名单图像进行的。为了证明 Air 模块的有效性，本节首先将 AirNet 与一组标准 ResNet 架构进行比较。为了进行公平地比较,本节用3个3×3卷积层替换第一个7×7卷积层来重新实现ResNet,如表5-4所示。这些改进获得了更精准的模型,本章重新实现的ResNet-50的Top-1精度比原始版本[3]高出1.08点。

1. 相关实验设置

本章在配备8个NVIDIA Titan Xp GPU的服务器上使用PyTorch实现了AirNet/AirNeXt。实验采用标准的数据增广方法,并使用SGD训练网络,每个GPU的mini-batch为32(因此有效的最小批量大小为256)。实验从零开始对所有模型训练100个epochs,学习率设为0.1,并在第30、60和90个epoch时学习率降低为1/10。本节使用ImageNet验证集上的中心裁剪评估来报告Top-1和Top-5错误率,从每张短边被调整为256的图像中裁剪224×224的中心区域,其结果显示在表5-5中。图5-4所示为本章重新实现的ResNet/ResNeXt和本章提出的AirNet/AirNeXt的训练错误率和验证错误率曲线。

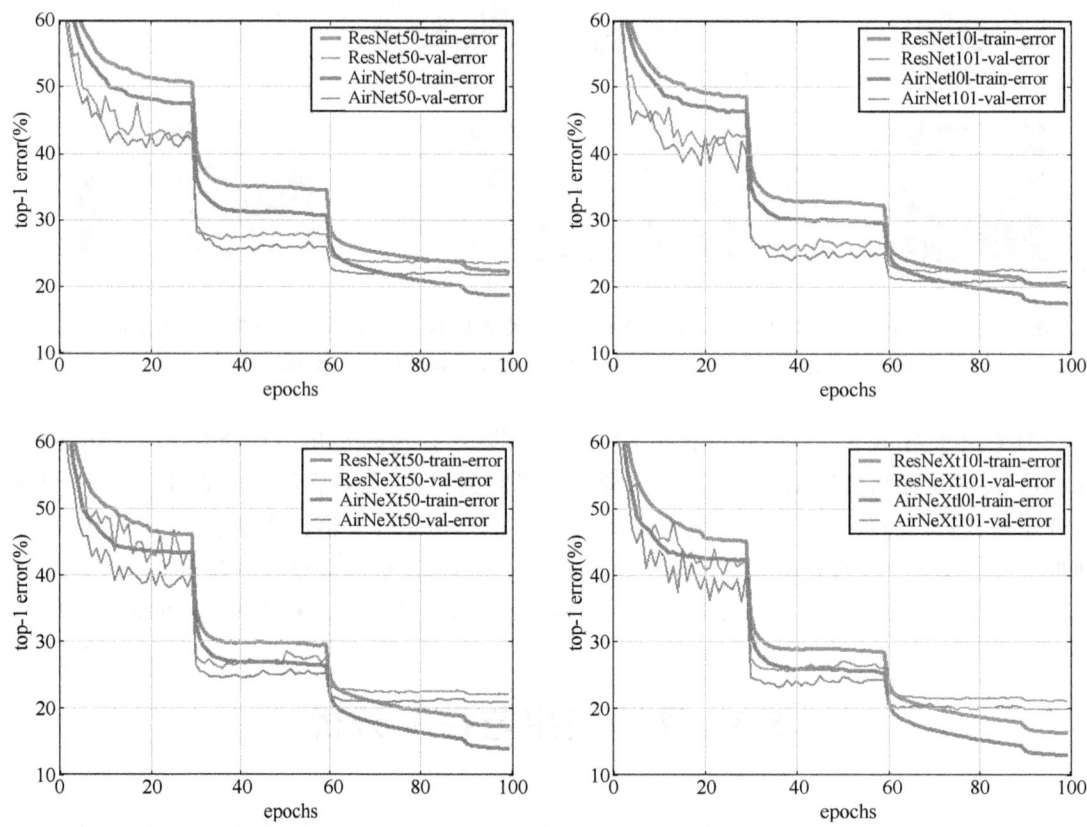

图5-4 ImageNet上的训练曲线,粗线表示训练集上的训练错误率,细线表示验证集上的验证错误率

表5-5 ImageNet验证集上的单次裁剪错误率和计算量比较;AirNet列指的是将Air模块嵌入其中的相应结构

Backbone	原始			重新实现			AirNet		
	Top-1 err.	Top-5 err.	GFLOPs	Top-1 err.	Top-5 err.	GFLOPs	Top-1 err.	Top-5 err.	GFLOPs
ResNet-50	24.7	7.8	4.08	23.52	7.01	4.34	21.83	5.89	4.72
ResNet-101	23.6	7.1	7.80	22.18	6.23	8.40	20.68	5.45	9.23

续表

Backbone	原始			重新实现			AirNet		
	Top-1 err.	Top-5 err.	GFLOPs	Top-1 err.	Top-5 err.	GFLOPs	Top-1 err.	Top-5 err.	GFLOPs
ResNeXt-50	22.2	—	4.23	22.11	5.99	4.47	20.87	5.52	5.29
ResNeXt-101	21.2	5.6	7.97	21.18	5.57	8.21	19.91	4.99	10.37

2. 结果和计算复杂度对比

如表 5-5 第一个方框所示，AirNet-50 的 Top-1 错误率是 21.83%，Top-5 错误率是 5.89%，与重新实现的 ResNet 相比，其 Top-1 错误率的绝对值减少了 1.69 点，仅增加约 0.38 GFLOPs 的计算量。与原始的 ResNet-50 相比，提升更为明显：Top-1 的准确性比原始版本高出 2.87 点。AirNet-101（Top-1 误差为 20.68%，Top-5 误差为 5.45%）在性能上比重新实现的 ResNet 版本的 Top-1 精度高出 1.50 点，这种改进在更大的网络深度上取得更好的效果。同样，在表 5-5 的第二个方框中，AirNeXt-50 的单次裁剪 Top-1 错误率为 20.87%，比重新实现的 ResNeXt-50 低 1.24 点。AirNeXt-101 得到的 Top-1 准确性为 19.88%，也实现了较大的改进（1.30 点）。如图 5-5 所示，与同类架构相比，AirNet/AirNeXt（分别表示为橙色五边形和蓝色菱形）模型可实现最佳性能，且计算量和参数较少。

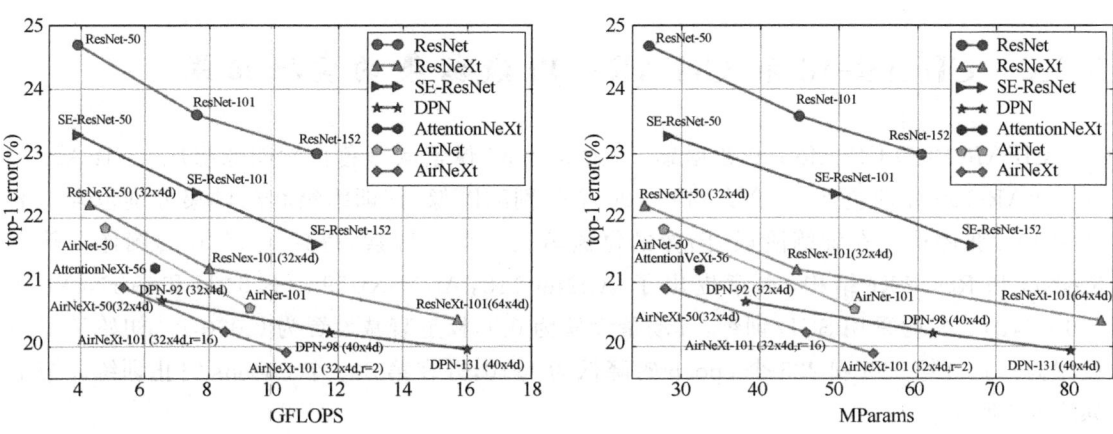

图 5-5 在 ImageNet 验证中，表现最佳的卷积神经网络体系结构 Top-1 错误率（%）与计算量（上）和参数数量（下）的关系

3. 与先进方法的比较

表 5-6 所示为在 ImageNet 验证集下，AirNet/AirNeXt 以及一些模型的错误率。在第一组实验中，与其他方法相比 AirNet-50 和 AirNeXt-101（32×4d，r=16）在计算复杂度和 Top-1 精度方面均达到了最佳性能。AirNeXt-101（32×4d，r=2）在每张图像上使用 224×224 的中心裁剪评估获得了 19.91% 的 Top-1 误差和 4.99% 的 Top-5 误差，低于 Inception-ResNet-v2[220]和 DPN-131[221]，且具有更小的计算量。可以预见，当 Air 模块嵌入具有更大容量的模型中时，如 ResNeXt-101（64×4d）和 ResNeXt-152（32×8d），仍然可以获得更高的 Top-1 精度。

表 5-6 ImageNet 验证集上最新工作单次裁剪错误率，用于测试的裁剪图像大小为 224×224 和 320×320/299×299

Backbone	GFLOPs	224×224		320×320/299×299	
		Top-1 err.	Top-5 err.	Top-1 err.	Top-5 err.
AttentionNeXt-56	6.3	21.20	5.60	—	—
DenseNet-161 ($k=48$)	7.7	22.2	—	—	—
SE-ResNeXt-101 (32×4d)	7.99	20.70	5.01	—	—
AirNet-50	4.72	21.83	5.89	—	—
AirNeXt-50 (32×4d)	5.29	20.87	5.52	—	—
AirNeXt-101 (32×4d, $r=16$)	8.47	20.21	5.15	—	—
Attention-92	10.4	—	—	19.50	4.8
ResNet-152	11.5	23.0	6.7	21.3	5.5
Inception-ResNet-v2	11.75	—	—	19.9	4.9
SE-Inception-ResNet-v2	11.76	—	—	19.80	4.79
ResNeXt-101(64×4d)	15.6	20.4	5.3	19.1	4.4
DPN-131	16.0	19.93	5.12	18.55	4.16
AirNeXt-101 (32×4d, $r=2$)	10.37	19.91	4.99	18.47	4.27

5.3.2 CIFAR-10 和 CIFAR-100 数据集的实验结果

CIFAR-10 和 CIFAR-100 数据集[222]由 32×32 像素的彩色自然图像组成。CIFAR-10 和 CIFAR-100 分别包含 10 个类别和 100 个类别的图像，其训练集和测试集分别包含 50K 张和 10K 张图像。在训练阶段，图像的每侧填充 4 个 0 像素，得到 40×40 的图像。基于 ResNet 和 ResNeXt 结构，本章提出了 AirNet-110，AirNeXt-29（8×64d）和 AirNeXt-29（16×64d）。实验采用 SGD 训练，其动量设置为 0.9，权重衰减设置为 0.000 1。初始学习率设置为 0.1，在第 150 和 225 个 epoch 时降低为 1/10，并在第 300 个 epochs 终止训练。结果如表 5-7 所示。

表 5-7 AirNet 在 CIFAR-10 和 CIFAR-100 上与最新方法的比较

Backbone	MParams	CIFAR-10	CIFAR-100
ResNet-110	1.7	6.61	
pre-ResNet-1001	10.3	4.64	22.71
WRN-16-8	11.0	4.81	22.07
WRN-28-10	36.5	4.17	20.50
DenseNet-100 (k = 24)	27.2	3.74	19.25
DenseNet-BC-190 (k = 40)	25.6	3.46	17.18
ResNeXt-29 (8 × 64d)	34.4	3.65	17.77
ResNeXt-29 (16 × 64d)	68.1	3.58	17.31

续表

Backbone	MParams	CIFAR-10	CIFAR-100
Attention-236	5.1	4.14	21.16
Attention-452	8.6	3.90	20.45
AirNet-110	1.7	4.98	23.08
AirNeXt-29 (8×64d)	34.4	3.47	17.19
AirNeXt-29 (16×64d)	68.1	3.39	17.08

在 CIFAR-10 上，AirNet-110 比原始的 ResNet-110 高出 1.64 点。AirNeXt-29(8×64d) 和 AirNeXt-29(16×64d) 比对应结构的 ResNet 的性能高出 0.18 点和 0.19 点。在 CIFAR-100 上，AirNeXt-29(8×64d) 和 AirNeXt-29(16×64d) 的性能分别比对应结构的 ResNet 高 0.58 点和 0.10 点。由于 CIFAR 数据集的图像分辨率较低，因此准确性的提高不是很明显。

5.3.3 Air 模块的有效性实验分析

上文的分析结果表明，通过对一系列不同网络深度和数据集的训练，Air 模块能够很好地提升网络性能。为了进一步证明 Air 模块的有效性，本节进行了以下两个内容的实验。

1. 计算复杂度

根据 ResNet 的结构，本章设计了 ResNet-56(包含 4 个残差阶段，分别具有 3、4、8、3 个瓶颈结构，比 ResNet-50 更深)和 ResNet-50(1×68d)(包含 4 个残差阶段，分别具有以 68、136、272、544 维通道的 3×3 卷积，比 ResNet-50 更宽)，且与 AirNet-50 具有相似的计算量和参数量。通过采用相同的超参数应用于两个网络的训练，AirNet-50 的结果如表 5-8 所示。AirNet-50 在参数更少的情况下，Top-1 精度比 ResNet-50(1×68d) 高出 1.1 点，比 ResNet-56 高出 1.4 点。这表明 Air 模块比更深或更宽的 ResNet 更有效。

表 5-8 ResNet-56，ResNet-50(1×68d) 和 AirNet-50 在 ImageNet 验证集上的单次裁剪错误率

Backbone	GFLOPs	MParams	Top-1 err.	Top-5 err.
ResNet-56	4.76	27.81	23.20	6.60
ResNet-50(1×68d)	4.83	23.73	22.97	6.44
AirNet-50	4.72	27.42	21.83	5.89

2. 变换不变性

在 ImageNet 数据集中，实例通常出现在图像的中心，但是在现实世界中这种情况相对罕见。通过在每个瓶颈模块中引入 Air 模块，可以使网络具有更好的变换不变性。受益于 Air 模块，AirNet-50 相对于 ResNet-50 获得了更稳定的平移不变性和尺度不变性。为了验证这一点，本节设计了两组实验。

第一组实验是评估模型的平移不变性，分别进行了网络的水平平移和垂直平移不变性的实验。具体操作为：将图像水平移动或垂直移动{0,20,40,60,80,100}个像素，空白部分用 0 值填充，以确保图像尺寸仍为 224×224。如表 5-9 所示，当水平平移输入图像时，AirNet-50 和 ResNet-50 的精度都有所降低，但前者的降低幅度较小。对于 80 个像素的水

平平移，AirNet-50 优于 ResNet-50 高达 4.05 点，这表明 AirNet 具有更好的水平平移不变性。在垂直平移图像时，观察到了类似的趋势，其中 AirNet-50 的性能比 ResNet-50 高出 1.69 点至 3.63 点，且两种模型都比水平平移更为稳定，这可以解释为该实例的大部分有效信息都集中在 ImageNet 数据集中的上部，例如动物、植物等。对于 40 到 100 个垂直像素平移，AirNet-50 的 Top-1 错误率较低，并且差距大于基线（不进行平移）。结果表明，AirNet-50 对垂直平移不十分敏感。

表 5-9 ResNet-50 和 AirNet-50 在 ImageNet 验证集上图像受到扰动后的错误率

(a) 水平像素偏移量

Backbone	0	20	40	60	80	100
ResNet-50	23.52	25.07	26.48	28.83	33.29	37.89
AirNet-50	21.83	22.78	24.06	25.97	29.24	34.16
△	1.69	2.29	2.42	2.86	4.05	3.73

(b) 垂直像素偏移量

Backbone	0	20	40	60	80	100
ResNet-50	23.52	24.72	26.13	28.05	31.66	35.43
AirNet-50	21.83	22.76	23.81	25.44	28.06	31.80
△	1.69	1.96	2.32	2.61	3.60	3.63

本节还在表 5-10 中比较了 AirNet-50 和 ResNet-50 的尺度不变性。为了获得不同比例的实例，实验将图像调整为{200、180、160、140、120}像素，并使用 0 值将调整后的图像填充为 224×224 像素。与 ResNet-50 相比，AirNet-50 的错误率低得多。随着实例逐渐变小，两种模型的错误率差距不断增加。当图像尺寸调整为 120×120 像素时，AirNet-50 比 ResNet-50 高出 7.20 点 Top-1 精度，这表明 AirNet-50 更加稳定。

表 5-10 ResNet-50 和 AirNet-50 在 ImageNet 验证集上不同测试尺度的错误率

Backbone	224	200	180	160	140	120
ResNet-50	23.52	28.06	31.90	35.07	41.72	48.90
AirNet-50	21.83	23.83	28.50	30.06	36.35	41.70
△	1.69	4.23	3.40	5.01	5.37	7.20

当实例在图像平面上平移时，空间注意力机制使模型能够专注于实例的位置。另一方面，当实例的大小发生变化时，空间注意力机制还可以帮助模型抵抗背景干扰。表 5-9 和表 5-10 的结果可以量化验证图 5-4 观察到的现象。

5.4 混合监督学习模型的消融实验

在第 4 章中，Parsing R-CNN 作为基础网络结构被添加至混合监督学习的基本模型中，且通过多组实验证明了其有效性。由于本书的目的在于面向人体视觉理解的多数据源多任务学习,因而对于多数据源具有鲁棒性的 Air 模块就显得至关重要。通过 AirNet 在单任务上与 ResNet 主干网络的对比实验,证明了 Air 模块相较于 ResNet 的残差模块在不同任务的混合监督学习中具有更强的鲁棒性。

最后,通过将 AirNet 作为 MSL-base 的主干网络,在 5 个人体视觉理解子任务上进行了实验,证明了 AirNet 作为一个优越的主干网络,能够促进混合监督学习架构在各个人体相关任务上实现一定程度的优化,且证明了 Air 模块的空间注意力机制对于混合型人体复杂任务的重要性。

5.4.1 单任务实验

为了验证 Air 模块的泛化性,本节测试了从 AirNet/AirNeXt 派生的模型对 COCO2017 目标检测和实例分割、人体检测、人体姿态估计、人体解析和密集姿态估计任务的改进效果。本节在 ImageNet 数据集上对 AirNet-50 和 AirNet-101 进行了预训练,并使用 Detectron2 将模型应用到 Mask R-CNN 架构中。

1. 目标检测和实例分割

本节在 COCO2017 的 trainval35k 子集进行训练,在 val5k 子集进行测试。所有模型训练都使用 8 个 GPU,每个 GPU 的 mini-batch 包含 2 张图像。前 60K 次迭代的学习率为 0.02,最后训练过程以 90K 次迭代终止。该部分实验通过调整输入图像的大小,使其较短的一边为 800 像素,并且仅使用水平翻转这一数据增强方式。在不增加测试时间的情况下测试模型,其结果如表 5-11 所示。使用 AirNet-50 的 Mask R-CNN 的 AP 比基础 ResNet-50 模型的性能在目标检测任务中高出 2.1 点,在实例分割任务中高出 1.9 点。AirNet-101 达到了 41.7% 的 BBox AP 和 37.1% 的 Mask AP,分别比 ResNet-101 的基准高出 1.7 点和 1.2 点。

表 5-11 在 COCO2017 数据集上使用 Mask R-CNN 进行目标检测和实例分割的单模型结果

Backbone	BBox						Mask					
	AP	AP_{50}	AP_{75}	AP_S	AP_M	AP_L	AP	AP_{50}	AP_{75}	AP_S	AP_M	AP_L
ResNet-50	37.7	—	—	—	—	—	33.9	—	—	—	—	—
AirNet-50	39.8	61.6	43.7	23.5	42.6	51.8	35.8	58.2	37.7	16.8	38.4	52.7
ResNet-101	40.0	—	—	—	—	—	35.9	—	—	—	—	—
AirNet-101	41.7	63.8	45.6	25.3	44.5	52.0	37.1	60.2	39.5	17.4	39.4	53.5

2. 人体检测

为了评估 AirNet 在人体检测任务中的性能,本节在 COCO-P 数据集上使用 Mask R-CNN 作为基础网络,分别采用 ResNet 和 AirNet 作为主干网络进行人体检测任务的实验。

如表 5-12 所示,可以看出 AirNet-50 的 BBox AP 相较于 ResNet-50 高出了 2 点,而对于性能更强的 AirNet-101 则比 ResNet-101 高出了 2.2 点,可见 AirNet 作为主干网络能够显著的提高人体检测结果的精度。

表 5-12　在 COCO-P 数据集上使用 Mask R-CNN 进行人体检测的单模型结果

Backbone	BBox					
	AP	AP_{50}	AP_{75}	AP_S	AP_M	AP_L
ResNet-50	54.7	81.4	—	—	—	—
AirNet-50	56.7	83.9	61.8	39.2	64.4	74.7
ResNet-101	55.5	—	—	—	—	—
AirNet-101	57.7	84.9	62.8	40.2	65.4	75.9

3. 人体姿态估计

本节使用从[640,800]像素中随机采样并随机水平翻转的输入图像比例来训练模型,输入图像来自包含标注人体姿态估计标注的 COCO-K 数据集。如表 5-13 所示,AirNet-50 (63.1 % 的 AP^{kp})的性能比 ResNet-50 高出 1.2 点,且 AirNet-101(65.1 % 的 AP^{kp})比 ResNet-101 更有效。这主要是由于 Air 模块的空间注意力机制和更大的感受野。

表 5-13　在 COCO-K 数据集上使用 Mask R-CNN 进行人体姿态估计的单模型结果

Backbone	Keypoints				
	AP	AP_{50}	AP_{75}	AP_M	AP_L
ResNet-50	61.9	84.9	—	—	—
AirNet-50	63.1	86.0	69.3	57.5	71.4
ResNet-101	63.0	—	—	—	—
AirNet-101	65.1	88.2	71.0	59.5	73.4

4. 密集姿态估计

为了证明 AirNet 在密集姿态估计任务中也能够取得较大的改进,本节在 COCO-D 数据集上使用 Mask R-CNN 作为基础网络,分别采用 ResNet 和 AirNet 作为主干网络进行进行密集姿态估计的实验。在 2.3.4 小节中介绍过,由于 GPS 指标不会对虚假检测(假阳性样本)进行惩罚,因而该评价指标会错误地将所有像素归类为前景的预测,由表 5-14 中的数据也可以看出,GPS_{50} 的值比 GPS_m 高。但是将 AirNet 替换 ResNet 之后,GPS_m 指标的精度提高,而 GPS_{50} 降低,这是由于 Air 模块使得网络更加关注于前景的人体信息而非背景,因而会限制 GPS 指标但却能对 GPS_m 指标起到促进作用。该实验说明了空间注意力机制和更大的网络感受野能够有助于密集姿态估计中的信息捕捉。

表 5-14　在 COCO-D 数据集上使用 Mask R-CNN 进行密集姿态估计的单模型结果

Backbone	Densepose	
	GPS_m	GPS_{50}
ResNet-50	56.1	90.6
AirNet-50	56.9	90.0
ResNet-101	57.0	91.4
AirNet-101	58.1	90.7

5. 人体解析

在单任务实验的最后，为了证明 AirNet 在人体解析任务中的出色表现，本节在 CIHP 数据集上使用 Mask R-CNN 作为基础网络，分别采用 ResNet 和 AirNet 作为主干网络进行进行人体解析任务的实验。由表 5-15 中的数据分析可知，与前几个任务相同，AirNet 作为主干网络的 Mask R-CNN 相较于 ResNet 在各项精度上都有所改善，说明 Air 模块的嵌入帮助人体解析任务更多地关注于人体像素级信息，利用更大的感受野捕获全局上下文。

表 5-15 在 CIHP 数据集上使用 Mask R-CNN 进行人体解析的单模型结果

Backbone	Parsing	
	mIoU	AP_{50}^P
ResNet-50	47.4	44.5
AirNet-50	49.1	46.9
ResNet-101	49.3	48.5
AirNet-101	51.2	50.9

5.4.2 添加 AirNet 网络的混合监督学习实验

在 5.4.1 节中，本章将 AirNet 作为主干网络加入 Mask R-CNN 中，与以 ResNet 为主干网络的 Mask R-CNN 结构在 5 个人体视觉理解子任务上进行了独立的单任务实验。通过多组实验的结果显示，AirNet 的结构能够学习更好的特征表达，在多种任务中都有着出色的表现。

前文证明了 AirNet 的结构对于人体多任务处理的可行性，因此在本书所设计的 MSL-base 的架构上添加了 AirNet 作为主干网络。如表 5-16 所示，该结构在 5 个人体视觉理解子任务上的各项精度都提高了 2 点左右，由此可见，通过将本章提出的 Air 模块集成到高级卷积神经网络，可以构建出高效的 AirNet 主干网络，并在具有不同任务具有挑战性的数据集上获得较好的改进，以简洁的设计达到多任务并行处理的目的，从而有助于人体视觉理解任务的学习。

表 5-16 MSL-base 加入 AirNet-50 作为主干网络后在 5 个人体视觉理解子任务上的精度对比

Methods	Backbone	Iteration	BBox	Mask	Parsing	Keypoints	Densepose
			AP^{bb}/AP_{50}^{bb}	AP^m/AP_{50}^m	mIoU/AP^p	AP^{kp}/AP_{50}^{kp}	AP^d/AP_{50}^d
MSL-base	ResNet-50	135K	55.0/82.8	47.7/79.6	49.1/46.9	63.5/85.8	60.6/91.6
+ AirNet	AirNet-50	135K	56.7/84.3	49.0/81.1	50.5/49.6	65.2/86.7	61.4/91.6

5.5 小结

在本章中，为了提高混合监督学习网络对多数据源的鲁棒性，本章节重新审视了空间注意力机制与网络感受野之间的关系,并提出了简单而有效的注意力激发感受野模块,能够增强网络的平移不变性和尺度不变性。本章节探索了如何实现更有效的 Air 模块结构,并通过将 Air 模块嵌入 ResNet/ResNeXt 中来展示 AirNet/AirNeXt 的性能。大量实验证明了 Air 模块在多个具有挑战性的数据集中的有效性。

  同时,本章节进一步将 AirNet 用于 COCO2017 目标检测和实例分割、人体检测、人体姿态估计、人体解析和密集姿态估计任务中,展示了 Air 模块在多个任务中的泛化能力,说明了将其作为主干网络对于模型的促进作用。在本章的最后,进行了在 MSL-base 中使用 AirNet 作为主干网络的实验,在 5 个人体视觉理解子任务中的精度都取得了较好的改进。说明 Air 模块能够充分地利用空间注意力机制,以更大的感受野为本书所提出的混合监督学习基本模型捕捉更多有用的图像信息,提升对多数据源的鲁棒性。

第 6 章

混合监督学习的可扩展性探究

在第 3 章中,介绍了一个面向人体视觉理解的多数据源多任务学习的基本模型 MSL-base,通过基于区域的方法中特定任务对应特定网络分支的特点,可以端到端地进行多任务的训练和预测。为验证这一方法的有效性,本书利用多个数据源同时进行人体检测、人体实例分割、人体解析、人体姿态估计以及密集姿态估计 5 个人体视觉理解子任务的学习。为了进一步探究 MSL-base 在多数据源多任务学习上的发展潜力,在本章中将对混合监督学习的可扩展性进行探究。

本章设计了一项新人体视觉理解子任务,即实例级人体部位检测(Instance-level Human Part Detection)。这项任务可以对人体和人体部位进行检测,并且能够对它们的从属关系进行预测。在 MSL-base 中,本章为这项新任务构造了一个新的分支:Hier(Hierarchy)分支,使得最终的混合监督学习可以同时进行 6 个人体视觉理解子任务的学习。为了更加清晰和全面地对该项任务的网络结构进行描述,本章中为该项任务所对应的网络结构命名为层级区域卷积网络[223](Hierarchy R-CNN,Hier R-CNN)。

在混合监督学习中,Hier 分支在保证了自身任务精度的同时还不会影响其他子任务的性能,证明了混合监督学习具有良好的可扩展性。为支持该任务的训练且根据当前人体视觉理解领域的发展需要,本章节中构建了一个新的数据集:COCO 人体部位数据集(COCO Human Parts),简记为 COCO-H。截止 2024 年,COCO-H 是第一个大型的具有从属关系的实例级人体部位检测数据集,它的出现弥补了之前工作的不足,为实例级人体部位检测任务提供了良好的数据支撑。

6.1 问题描述

人体部位的精确定位在手势识别、面部关键点检测、手部关键点检测、视觉动作、人物交互和虚拟现实中扮演了重要的角色。但在实际应用中,精确地定位人体部位仍然存在着许多挑战。

已有的人体部位检测的相关数据集一般只有较少的人体部位类别。OpenImage[93]提供了较为全面的人体部位检测标注,但它存在着一些明显的问题,例如严重的数据噪声(许多实例未添加标注)、标注极不平衡(例如,脚类别占不到0.05%)、缺乏从属关系等。因此,很难通过在OpenImage数据集上进行监督学习来直接训练高性能的人体部位检测器。

Li等人提出了HumanParts数据集[66],其中包含3个类别的标注,分别是人、手和脸。这是一个专注于人体部位检测的大规模数据集,提供了带有106 879个检测标注的14 962张高分辨率图像,样本是从AI Challenger数据集中随机选择的。该数据集结合了人体3个重要部位的检测数据集,但是该数据集对人体部位标注的类别还不够详尽。

总而言之,由于缺少用于实例级人体部位检测且标注丰富的大规模数据集,一些研究不得不使用关键点来估计人体部位(尤其是手和脚)的边界框,这显然是非常不准确的,在一定程度上限制了人体部位检测的发展。此外,由于人与人体部位之间的从属关系是未知的,因此无法确定检测到的人体部位属于哪个人。综上所述,提出具有明确从属关系的大规模实例级人体部位检测数据集是有必要的。

6.2 实例级人体部位数据集

为了解决上述问题,本章在基于COCO2017数据集的基础上,提出了COCO人体部位数据集,简记为COCO-H,其中包含复杂场景和高度多样性的图像,具有大量人体姿态和不同尺度的人体样本。

6.2.1 数据集概述

1. 规模大且标注丰富

为了反映自然场景中的人体多样性,本章在COCO-H中分别提供了:①部位检测框的位置;②包括脸、头、手和脚的各种类别的标注;③人体与人体部位之间的从属关系;④右手/左手和左脚/右脚的细粒度分类来标注人体部位。其中,对于"人"这一类别的检测标注继承自原始数据集。

COCO-H共包含66 808张图像,其中总共有268 030个人体实例,平均每个实例包含2.83个部位,训练集和验证集的划分方案遵循COCO2017。COCO-H是截止到2024年为止,最大的、带有丰富标注的用于人体部位检测的数据集,如表6-1所示。不仅如此,COCO-H还拥有一个非常重要的潜力,即可用于结合其他标注来研究更复杂的多任务学习问题。

表6-1 主流人体部位检测数据集信息统计,†表示OpenImage包含5个人体部位类别的子集

Datasets	Images	Instance					Inst vs. Part	Left vs. Right
		Person	Head	Face	Hand	Foot		
COCOPersons	64 115	257 252						
CityPersons	2 975	19 238						
CrowdHuman	15 000	339 565	339 565				√	

续表

Datasets	Images	Instance					Inst vs. Part	Left vs. Right
		Person	Head	Face	Hand	Foot		
HollywoodHeads	224 740		369 846					
VGGHand	11 194				13 050			
EgoHands	4 800				15 053			√
TV-Hand	9 498				8 646			
COCO-Hand	26 499				45 671			
COCOFoot	~8 000					~15 000		√
OpenImage†	823 077	3 505 362	201 633	1 037 701	75 307	2 237		
HumanParts	14 962	35 306		27 821	43 752			
COCO-H	66 808	268 030	232 392	160 102	204 827	162 099	√	√

2. 精准标注

在某些手部关键点检测研究中,手腕关键点通常用于估计手部边界框,这种方法具有明显的偏差。如图 6-1 所示,其中红色的边界框由手腕关键点或脚踝关键点的位置推断得出,绿色和紫色边框是手动标注的真实标签框。可以看出,推断出的边界框在位置和大小上与真实标签框大相径庭。

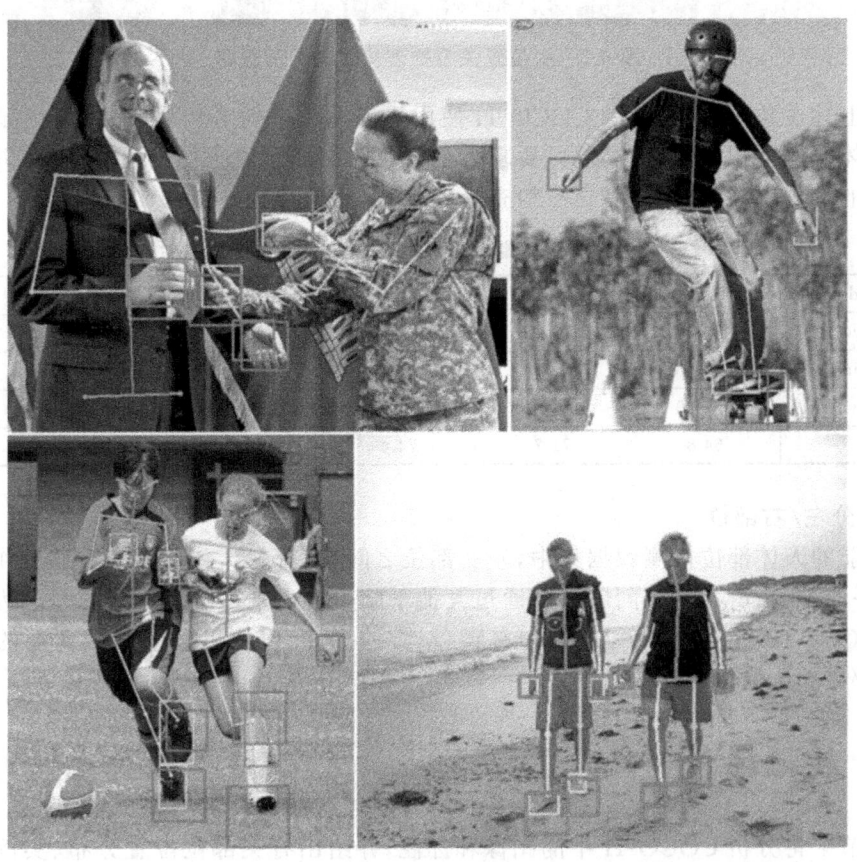

图 6-1 由关键点推断的部位边界框位置与真实部位边界框位置对比

在COCO-H中,每个人体部位均经过手动标记和验证,以确保标注质量,因而COCO-H提供的准确标注可以帮助研究手/脚关键点检测、人与物体之间的交互以及虚拟现实等问题。

3. 从属关系

具有人体与人体部位之间从属关系的标注是COCO-H重要而独特的特性。同一个人体实例的不同人体部位具有空间关系,这也可以反映人体姿态和动作。在真实场景中通常存在很多遮挡关系,导致某些人体部位经常存在于两个甚至更多的体实例中。如图6-2所示,具有彩色掩膜的人体部位存在于多个人体实例中,因此无法通过部位和身体的相对位置来判断从属关系,这种现象在COCO-H数据集中非常普遍。如表6-2所示,可以将人体部位与其他人体实例的相对位置关系分成以下3种情况:①"Positive"表示人体部位边界框与其他人体边界框不相交的数量;②"Borderline"表示人体部位边界框与其他人体边界框不完全相交的数量;③"Negative"表示人体部位边界框完全存在于两个或多个人体实例中的情况。"Ratio"是"Positive"数量相对于全部数量的比值。通过对COCO-H数据集进行统计,数据结果表明:仅64.8%的头的边界框不与其他人体边界框相交。特别是对于左右手类别,超过20%的实例是在其他人体实例边界框中完整存在的。

图6-2 由位置关系推理从属关系示意图

针对上述现象,本章提出的COCO-H使用手工标注来确定从属关系,突出显示每个被标注的人体实例在图像上的位置,并要求标注者仅绘制属于该人体的可见人体部位边界框。对于拥挤的场景,将要求标注者再次检查从属关系,以避免标注错误。

表6-2 COCO-H数据集人体部位及人体实例位置相关性统计

Methods	Head	Face	R-hand	L-hand	R-foot	L-foot
Positive	150 494	114 839	77 859	75 659	64 866	65 325
Borderline	66 878	28 095	14 699	13 156	10 907	10 507
Negative	15 020	17 168	11 970	11 484	5 196	5 298
Ratio(%)	64.8	71.7	74.4	75.4	80.1	80.5

4. 区分左/右部位

在先前的人体部位检测数据集中,左右部位之间没有区分,致使一些后续工作出现了问题,例如手的关键点检测,该问题只能通过其他手腕关键点来区分左手和右手。为了克服这个问题,COCO-H提供了右手/左手和右脚/左脚的标注,以便可以采用端到端的方式训练和推断左/右部位的信息。

6.2.2 数据统计

在本节中将分析COCO-H中的图像和标注,并给出有关部位位置分布、实例分布密度和尺度多样性的详细统计结果。

1. 部位位置分布

在 COCO-H 中,除人体实例外,总共标记了 759 420 个人体部位,其中训练集中有 728 376 个边界框,验证集中有 31 044 个边界框。在人体实例中,通常头可见的可能性最高,而脚经常被遮挡、可见性较差。因此在 6 类人体部位中,头的数量最多,有 232 392 个边界框。脚的数量最少,大约有 60 000 个左/右脚边界框。人体部位的相对位置关系几乎是固定的,这可以为目标检测提供一些先验知识。但由于 COCO-H 中人体姿态的多样性,人体部位的位置差异很大。为了分析人体实例中每个人体部位的位置分布,本章从 COCO-H 中裁剪每个人体实例,并将其尺寸调整为 256×384 像素,以可视化人体部位的位置分布图,如图 6-3 所示。

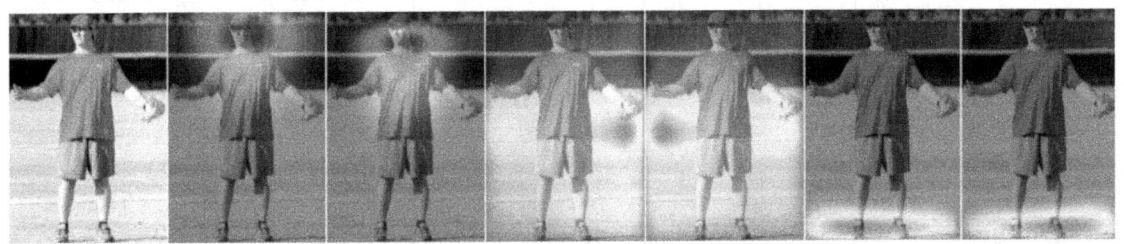

图 6-3 COCO-H 人体部位分布热图,从左至右分别为原始图像、头、脸、左手、右手、左脚、右脚

可以观察到脸和头的位置是相对稳定的,与常识相符。但是左/右手的位置分布广泛,并且由于人体的方向不同,会出现左右位置互换的情况,左/右脚的位置分布同理。

2. 实例分布密度

在 OpenImage、HumanParts 和 COCO-H 中统计所以图像中带标注的人体部位数量,如图 6-4 所示。从图中可以看出,尽管 OpenImage 的图像数量是 COCO-H 的 12 倍,但是 OpenImage 中人类部位数量的分布却严重不平衡,其中大多数图像的人体部位数量少于 10 个。相反,COCO-H 中人体部位的分布更加均衡,这有利于训练一个优越的人体部位检测器。

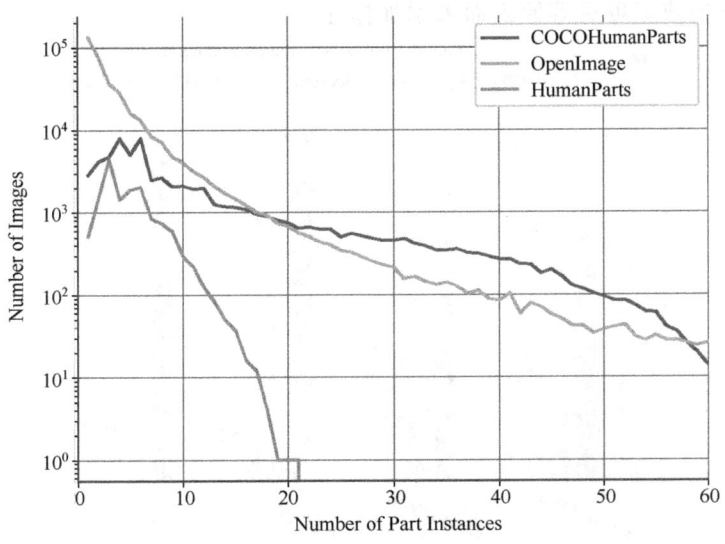

图 6-4 3 个数据集中每张图的人体部位标注数量

本节还计算了3个数据集中个人体部位的出现频率。如表6-3所示,在COCO-H中平均每张图像都有11.36个人体部位标注,约为Human Parts的2.3倍和OpenImage的7倍。COCO-H中每个类别的带标注的人体部位数量彼此相近,并且手/脚的数量小于脸/头的数量,这也与实际情况一致(因为手和脚更容易被遮挡)。而OpenImage的每个人体部位的数量严重不平衡,例如带标注的脚(包括右脚和左脚)的数量要比带标注的脸少百分之一。

表6-3 3个人体部位检测数据集的图像级/人体实例级的平均人体部位数量统计

Category	OpenImage	HumanParts	COCO-H	
			/Image	/Person
Head	0.24		3.48	0.87
Face	1.26	1.86	2.40	0.60
Right-hand	0.09	2.92	1.56	0.39
Left-hand			1.50	0.37
Right-foot	0.01		1.21	0.30
Left-foot			1.21	0.30
Total	1.60	4.78	11.36	2.83

3. 尺度多样性

对于物体检测,大多数研究都遵循COCO2017的划分方法,并根据像素数将所有物体分为3类:大、中、小。在COCO-H中,标注了各种大小的人体实例,这与现有的COCO2017扩展数据集不同。为了更好地说明COCO-H中实例的尺度多样性,将原始的"小"尺度分解为"小"(范围从16×16到32×32像素)和"微小"(小于16×16像素)。因此,在COCO-H中可以根据像素数将每个实例标记为大、中、小和微小。

在图6-5中,体现了COCO-H中,训练集和验证集的人体及人体部位(包括脸、头、左/右手、左/右脚)不同尺度的占比。对于人体部位,大型实例所占比例很高,因为某些微小的人体部位由于遮挡或不可见等原因而未添加标注。

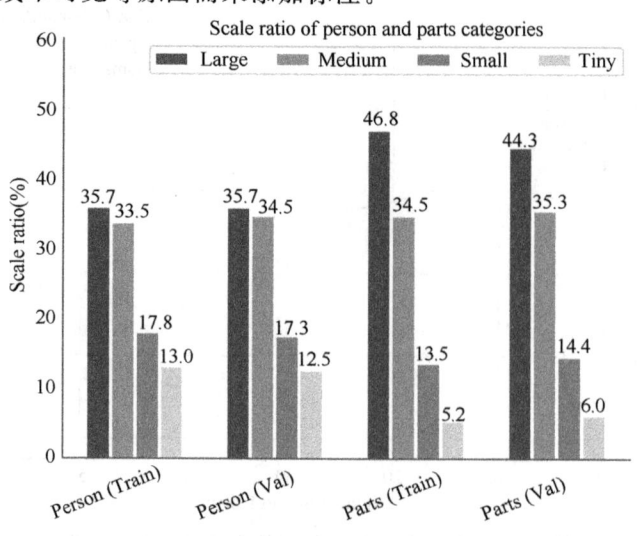

图6-5 COCO-H中人体及人体部位类别的尺度统计

在图 6-6 中更细节的计算了不同人体部位类别的尺度分布比例。不同的人体部位类别显示了不同的分布。例如，左/右手中，具有大尺度的实例所占比例较高，而头相反。

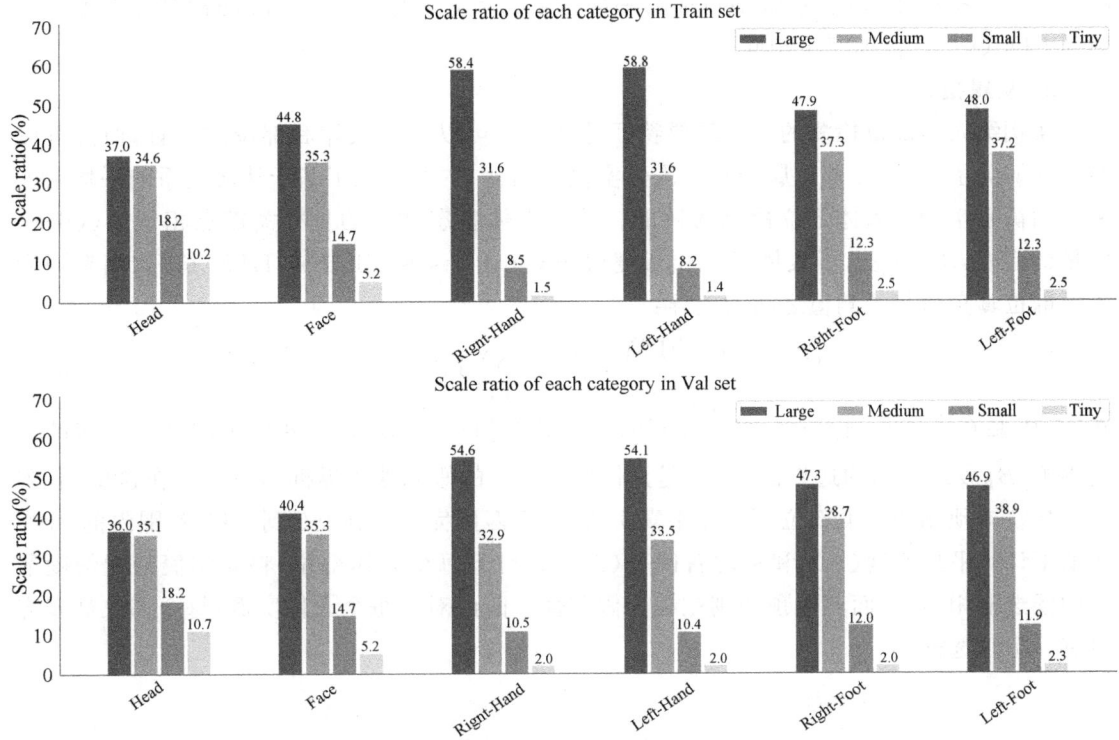

图 6-6 COCO-H 中每个人体部位类别的尺度统计（上图：训练集；下图：验证集）

本节还计算了不同尺度的人体实例中不同人体部位类别的分布，结果如表 6-4 所示。在不同尺度的人体实例中，脸和头的分布更加平衡，而右手/左手和右脚/左脚的分布非常不平衡。这是因为在尺度很小的人体实例中几乎不可能对右手/左手和右脚/左脚实例进行标注。"Total"列显示了具有不同比例的人体实例中人体部位的平均数量，其中大尺度人体实例的人体部位平均数量是微小尺度人体实例的 3 倍以上。

表 6-4 不同尺度人体实例中平均人体部位数量统计

Scale	Head	Face	R-hand	L-hand	R-foot	L-foot	Total
Large	0.90	0.75	0.64	0.61	0.41	0.41	3.72
Medium	0.89	0.63	0.37	0.35	0.34	0.34	2.92
Small	0.89	0.50	0.19	0.17	0.21	0.21	2.17
Tiny	0.68	0.24	0.05	0.04	0.06	0.06	1.13

6.2.3 评价指标

本节在实例级人体部位检测任务上，总结出分别对应检测和从属关系的两种精度指标。

1. 检测指标

COCO2017 评估标准已成为衡量检测器性能的重要标准，它可以提供不同比例对象

(AP_S,AP_M,AP_L)的检测精度。但是由于数据集中具有微小尺度的人体部位的比例很高,本章所提出的COCO-H希望能够同时提供这些目标的检测精度,因此将AP_T添加到标准COCO2017指标中,以表示微小目标的平均精度。除此之外,COCO-H的检测性能评估指标与COCO2017指标完全相同。

2. 从属指标

实例级人体部位检测的一个重要特征是它不仅可以定位人体和部位的位置,而且可以给出从属关系,即人体部位属于哪个人体实例。因此,本章引入了基于从属关系的平均精度来全面衡量实例级人体部位检测的性能。受到人体姿态估计的目标关键点相似度(OKS)度量的启发,本节提出了人体部位相似度(Human Parts Similarity,HPS)指标,用来测量人类部位真实值与预测值之间的差异:

$$\text{HPS}_j = \left(1 - \frac{\text{FP}_j}{P_j}\right) * \frac{1}{P_j} * \sum_{p \in P_j} \text{IoU}(B_p, \hat{B}_p) \tag{6-1}$$

式中,P_j是在人体实例j上标注的真实的人体部位的集合,B_p表示实例j的真实人体部位边界框,$\hat{B}_p$表示预测的边界框。FP_j是人体实例j上的假阳性边界框的数量。在这里,假阳性是指在被预测的人类部位不存在于真实值中,而匹配完成后在0.5到0.95范围内的HPS阈值下计算平均精度(AP)和平均召回率(AR)。对于每个人体部位,将真实值与置信度最高的候选框相匹配,而其他预测则被视为假阳性。因此对于每个人体实例,每个部位最多应只有一个候选框。

6.3 实例级人体部位检测模型设计

在一些场景中,对象之间存在层级关系,同时它也可以用作先验知识以帮助网络进行训练。对于分层目标检测,可以通过关系推理或人物交互检测方法获得从属关系,这些方法并没有充分利用人体实例及其部位之间的空间位置关系。因此,为了更直接且准确地检测人体实例及其各个部位并给出其从属关系,本章对此进行了模型结构设计,提出了层级区域卷积网络(Hierarchy R-CNN,Hier R-CNN)。本章首先对该模型进行直接描述,随后再与MSL-base合并,为混合监督学习进行可扩展性验证。

6.3.1 模型设计思路

通常的主流检测器会平等地对待所有目标,这意味着可以同时检测人体实例和人体部位,而无须考虑它们之间的层级关系。对于人体部位检测,本节利用Faster-FPN-R50在COCO-H上分别进行了人体及人体部位的独立检测及联合检测,检测结果如表6-5所示。

实验发现,单独训练的人体检测器和人体部位检测器的精度均高于联合训练,所有类别的检测精度提高了1至4点。这表明人体实例及其各个部位之间的大的尺度差异是检测器性能差异背后的因素之一。

表 6-5　人体及人体部位的独立检测及联合检测的精度对比

Methods	Per category AP						
	Person	Head	Face	R-hand	L-hand	R-foot	L-foot
Person	52.3	—	—	—	—	—	—
Parts	—	52.5	38.8	32.6	30.9	23.1	24.2
combined	51.4	48.7	36.7	31.7	29.7	22.4	22.9

而本章提出的 Hier R-CNN 很好地解决了这个问题,并且可以预测人体实例和人体部位的从属关系。Hier R-CNN 将人体检测和人体部位检测分离,同时进行端到端的训练。首先通过 RPN 和人体检测分支定位图像中的所有人体实例,然后在 Hier 分支中检测属于每个实例的人体部位(详见图 6-7)。解耦人体及部位检测降低了学习大尺度变化的难度,并建立了人体及各部位之间的层级关系。而且这种设计可以很容易地应用到大多数层级对象的检测中,例如车辆及其组件检测等。

6.3.2　网络结构设计

Hier R-CNN 的网络结构如图 6-7 所示,由主干网络、特征金字塔网 FPN、区域候选网络(RPN)、人体检测分支和 Hier 分支组成。主干网络、FPN 和 RPN 的设置与 Mask R-CNN 相同。人体检测分支用于检测人体实例,而 Hier 分支用于定位每个实例的人体部位。尽管对于这些组件来说有许多更高性能的改进,但为了证明 Hier R-CNN 在实例级人体部位检测任务上的简洁有效性,本章对于这些组件采用与原始 Mask R-CNN 相同的设置。

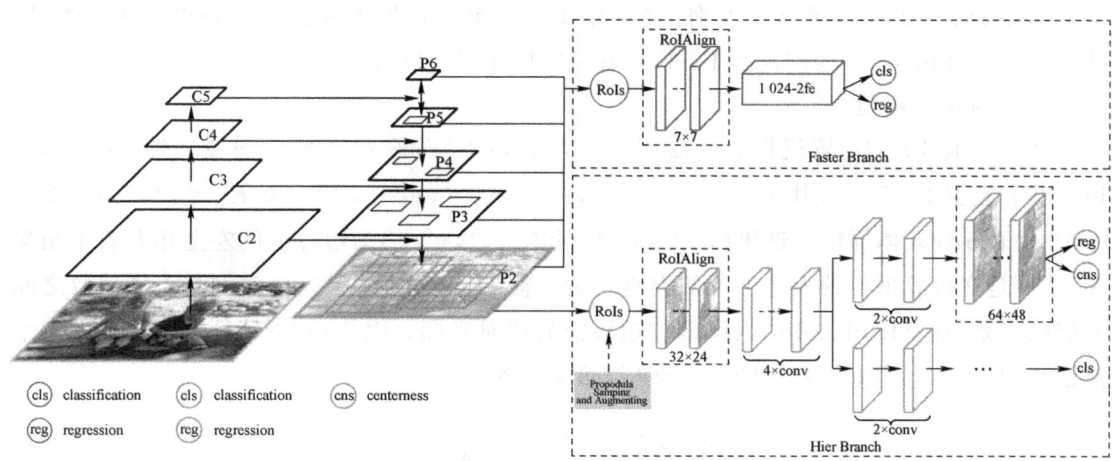

图 6-7　Hier R-CNN 的网络结构

(1) 候选框采样。由于人体的手脚部位尺寸很小,在精准检测的同时还需要区分左右手是比较困难的。为了提高手脚的检测精度,本章先进行候选框采样,然后再传入 Hier 分支。候选框采样后,RoI 不仅必须满足与真值框的 IoU 大于 0.7,而且还必须在真值框内包含所有手脚框。如图 6-8(左)所示,蓝色和黄色的实心框代表真实人体实例,实心点是手和脚的中心。红色和绿色虚线框是 RPN 预测的结果,而红色框不能满足候选框的采样条件,其中未包含左边人体的右脚和右边人体的左脚。

图 6-8　人体候选框采样策略(左)和候选框扩充策略(右)

（2）候选框扩充。候选框采样后,用于训练 Hier 分支的候选框数量将变少,这不利于网络训练。为了增加训练样本的数量,本节提出了在训练过程中增加候选框的策略。具体方法如图 6-8(右)所示,通过生成一个最小边界框(绿色虚线框),其中包含每个人体实例中的所有手和脚,并将其用作参与训练的候选框。候选框扩充策略不仅可以增加训练样本,还可以确保每张图像至少有一个候选框参与 Hier 分支训练,从而使训练过程更加稳定。

Hier 分支。Hier 分支是 Hier R-CNN 的重要组成部位,其目的是独立检测每个 RoI 中的人体部位,下面对其进行详细介绍。

1. 输入特征图

人体的密集预测任务需要目标细节,应该使用较大的 RoI 特征图,而对于稀疏的预测任务,应该使用较小的 RoI 特征图。若 RoI 为正方形会导致人体变形,本章将 Hier 分支的 RoI 输入设置为 32×24 像素。另外,还使用了本书第 4 章提出的候选框分离采样策略,即 Hier 分支的 RoIAlign 操作仅在 P2 的最适尺度特征图上执行。

2. 目标的真实值

将一个 RoI i 的位置记作 $R_i=(x_0^{(i)}, y_0^{(i)}, x_1^{(i)}, y_1^{(i)})$ 并输入到 Hier 分支。RoI i 的真实边界框 j 定义为 $\{B_{i,j}\}$,其中 $B_{i,j}=(x_0^{(i,j)}, y_0^{(i,j)}, x_1^{(i,j)}, y_1^{(i,j)}, c^{(i,j)}) \in R^4 \times \{1,2,\cdots,C\}$,$C=6$ 代表 6 种人体部位。这里 $(x_0^{(i,j)}, y_0^{(i,j)})$ 和 $(x_1^{(i,j)}, y_1^{(i,j)})$ 为边界框的左上角和右下角坐标,$c^{(i,j)}$ 是在边界框中的人体部位的类别。为了使 Hier 分支建模人体实例与人体部位之间的层级关系,这里使用 RoI 中人体部位边界框的相对坐标。因此,对于特征图 F_{hier} 上的每个位置 $(x^{(i)}, y^{(i)})$,可以将其作为 (x,y) 映射回输入图像:

$$x = x_0^{(i)} + x^{(i)} * \frac{x_1^{(i)} - x_0^{(i)}}{W} \tag{6-2}$$

$$y = y_0^{(i)} + y^{(i)} * \frac{y_1^{(i)} - y_0^{(i)}}{H} \tag{6-3}$$

式中,H、W 是 RoI i 的高度和宽度。Hier R-CNN 直接将目标边界框回归到位置 (x,y),当 (x,y) 落入任何人体的真实框内时,将其视为正样本,否则为负样本。关于人体部位真实值的其他设置完全遵循[57]的规定。

3. 全卷积分支和输出

在 RoIAlign 操作之后有 4 个卷积层,后面是具有 2 个卷积层的分类分支和回归分支。

Hier 分支具有 3 个输出层,用于预测特征图上的每个位置的类别、边界框回归值和中心度。在所有卷积层之后,使用反卷积层来增加输出空间尺寸。所有卷积层都有 256 个通道以及 3×3 的卷积核,反卷积为 4×4 卷积核且步幅为 2,在每个卷积层之后使用 GN 和 ReLU。值得注意的是,全卷积 Hier 分支只有 8 个卷积层,每个卷积层的通道数量都为 256,因此参数数量少于 Mask R-CNN 和 Parsing R-CNN。

4. 损失函数

整个网络损失 L 可以被定义为

$$L = L_{\text{rpn}} + L_{\text{bbox}} + L_{\text{hier}} \tag{6-4}$$

式中,L_{rpn}、L_{bbox} 和 L_{hier} 分别为 RPN、人体检测分支和 Hier 分支的损失。同时遵循 Mask R-CNN 的设置,如果一个人的 RoI 与标注真实框具有至少为 0.7 的 IoU,并且包含至少一个人体部位框,则被认为是正样本。Hier 分支损失 L_{hier} 仅在正样本 RoI 上定义,可以写为

$$L_{\text{hier}} = L_{\text{cls}} + L_{\text{reg}} + L_{\text{cns}} \tag{6-5}$$

式中,L_{cls} 是人体部位分类的 Sigmoid 中心点损失,L_{reg} 是边界框回归的 GIoU 损失,L_{cns} 是中心度回归的 Sigmoid 二元交叉熵损失。

5. 网络推理

在进行推理时,首先通过 RPN 和边界框回归分支获得预测的人体边界框,选择置信度大于 0.05 的边界框输入到 Hier 分支中。同时在实例级人体部位检测的后处理中不使用 NMS,而是为每个部位选择得分最高的候选框,并且得分应大于 0.1。这样的处理方式大大减少了假阳性样本的数量,避免了一个实例中出现多个同一类别人体部位。

为了计算从属关系度量,还需要对每个实例的结果进行评分。本章将分数定义为 S_{hier},其计算如下:

$$S_{\text{hier}} = \sqrt{S_{\text{box}} * \sqrt{S_{\text{cls}} * S_{\text{cns}}}} \tag{6-6}$$

式中,S_{box} 是人体检测的置信度,S_{cls} 和 S_{cns} 分别是 Hier 分支的分类和中心点输出值。

6.4 实验结果与性能分析

6.4.1 主流检测器基准

由于 COCO-H 是一个全新的数据集,因而本节首先提供 4 种广泛使用的检测器的结果作为检测基准,即 Faster-C4/FPN、RetinaNet 和 FCOS。

1. 相关实验设置

本章节在具有 8 个 NVIDIA Titan Xp GPU 的服务器进行实验,基于 Detectron2 实现了 Hier R-CNN,并以 ResNet 为主干网络训练所有的检测器。在实验中,输入图像的短边被调整为 800 像素,长边被限制为 1 333 像素。每个 GPU 的 mini-batch 含 2 张图像,因此批处理总大小为 16。训练过程有 90K 次迭代,分别在第 60K 和第 80K 次迭代时将学习率衰为 1/10。其中,Faster-C4 和 Faster-FPN 的初始学习率为 0.02,而 RetinaNet 和 FCOS 的初始学习率均为 0.01。

2. 检测实验结果

在表 6-6 中比较了 Faster-C4/FPN、RetinaNet 和 FCOS 的结果,结果表明,每个检测器的检测精度都不是很高,尤其是手和脚两个类别。这表明主流检测器在小尺度人体部位检测和区分人体左右部位方面面临着挑战。随着人体部位尺度的减小和分布位置的多样化,脸、头、手和脚的检测精度也随之降低。并且由于右手/左手和右脚/左脚均匀分布在 COCO-H 中,因此检测精度非常接近。值得注意的是,AP_S 明显高于 AP_T,这表明区分"微小"和"小"检测指标非常有意义。与其他检测器不同,FCOS 的脸和头之间的精度差异很小。这是因为脸和头的边界框经常有较大的重叠,并且 FCOS 的目标匹配策略是小目标的优先级最高,因此对脸的检测精度会更高。

表 6-6 在 COCO-H 数据集上主流检测器的精度

(a) 所有类别的平均检测精度

Methods	All categories						
	AP	AP_{50}	AP_{75}	AP_T	AP_S	AP_M	AP_L
Faster-C4-R50	32.0	55.5	32.3	9.9	38.5	54.9	52.4
Faster-FPN-R50	34.8	60.0	35.4	14.0	41.8	55.4	52.2
Faster-FPN-R101	36.0	62.1	36.5	14.8	43.0	57.2	54.8
Faster-FPN-X101	36.7	62.8	37.4	21.7	46.2	57.4	55.3
RetinalNet-R50	32.2	54.7	33.3	10.0	39.8	54.5	53.8
FCOS-R50	34.1	58.6	34.5	13.1	40.7	55.1	55.1

(b) 每一类别的检测精度

Methods	Per category AP						
	Person	Head	Face	R-hand	L-hand	R-foot	L-foot
Faster-C4-R50	50.5	47.5	35.5	27.2	24.9	19.2	19.3
Faster-FPN-R50	51.4	48.7	36.7	31.7	29.7	22.4	22.9
Faster-FPN-R101	52.6	49.3	36.9	33.3	30.3	24.3	24.4
Faster-FPN-X101	53.6	49.7	37.3	33.8	32.2	25.0	25.1
RetinalNet-R50	49.7	47.1	33.7	28.7	26.7	19.7	20.2
FCOS-R50	51.1	45.7	40.0	29.8	28.1	22.2	21.9

6.4.2 数据集泛化能力实验

在本节中,研究 COCO-H 作为人体部位检测的预训练数据集的泛化能力。HumanParts 数据集由 14 962 张图像和 106 879 个标注组成,分为人、手、脸三类。将其视为目标数据集,结果显示在表 6-7 中。实验将 Faster R-CNN 和 RetinaNet 网络与 ResNet-50 主干网络进行结合,所有模型遵循标准的 1× 训练计划,输入图像为 800×1333 像素。为了使源数据集和目标数据集一致,本章将 COCO-H 数据集的左右手合并为"手"类别,并将头和左脚/右脚类别设为背景。

表 6-7　HumanParts 数据集检测结果，†表示模型在 COCO-H 数据集上经过预训练

Methods	All categories			Per category AP		
	AP	AP_{50}	AP_{75}	Person	Face	Gand
Faster-FPN	59.2	90.8	67.8	63.3	65.3	48.9
Faster-FPN †	61.7	92.0	71.3	68.1	65.7	51.2
Δ	+2.5	+1.2	+3.5	+4.8	+0.4	+2.3
RetinaNet	58.5	91.4	66.5	59.8	65.4	50.3
RetinaNet †	61.5	92.2	70.3	66.2	65.9	52.4
Δ	+3.0	+0.8	+3.8	+6.4	+0.5	+2.1

实验结果表明，无论是单阶段检测器还是两阶段检测器，在 COCO-H 数据集上进行预训练都可以显著提高 HumanParts 数据集的检测精度。其中，AP_{75} 显著提高，分别提高了 3.5 和 3.8 点。这表明该数据集的边界框位置更加准确。与"脸"类别相比，"人"和"手"类别的预训练效果更显著。因而可以推测，人和手的姿态多样性可以更容易地从各种预训练数据中受益。由于训练样本数量众多且样本分布多样，COCO-H 数据集具有出色的泛化能力。通过对 COCO-H 数据集进行预训练，可以在诸如 TV-Hand 和 COCO-Hand 这样的小型数据集上实现更好的性能。

6.4.3　模型实验及性能分析

本节使用人体部位检测任务的检测指标和从属指标，在 COCO-H 数据集上展示了 Hier R-CNN 实例级人体部位检测的结果。所有模型都在 64 115 张训练集图像上进行了训练，并在 2 693 张验证集图像上进行了测试。

1. 相关实验设置

所有 Hier R-CNN 实验均基于 Detectron2，并采用具有 8 个 NVIDIA Titan Xp GPU 的服务器。除非另有说明，否则实验都使用 ResNet50 作为主干网络。本节的所有模型都从 ImageNet 数据集进行预训练和权重初始化，且新添加层的初始化方法与[123]中的相同。实验采用单尺度输入，其中较短的图像边为 800 像素，而较长的边小于或等于 1333 像素。实验采用 SGD 对整个网络进行了 90K 次迭代训练，并使用 0.000 1 的权重衰减和 0.9 的动量。每个 GPU 的 mini-batch 含 2 张图像。初始学习率设为 0.02，并在第 60K 和第 80K 次迭代时分别衰减为 1/10。在推理阶段，以与训练阶段相同的方式调整输入图像的大小，然后将图像传入 Hier R-CNN 网络，以输出带有人体部位边界框的人体实例。

2. 与其他方法的比较

表 6-8(a)总结了 COCO-H 数据集上实例级人体部位检测的结果。Faster-FPN-R50 无法预测人体实例与人体部位之间的从属关系，为了获得实例级检测结果，实验采用两种分组方法。

（1）启发式算法。根据从高到低的分数，依次选择每个人体实例。对于每个人体部位类别，如果有任何人体部位检测框满足以下 3 个条件，则认为此检测框属于该人体实例：①此框未绑定到任何人体实例；②此框的中心点在人体实例内部；③在满足①和②条件的所有检测框中，该检测框的得分最高。

（2）引入人体关键点信息，并利用头、脸、手和脚的关键点来引导人体实例与人体部位之间的从属关系。

表 6-8 COCO-H 数据集上实例级人体部位检测结果，† 表示使用关键点来指导从属关系预测

(a) 检测指标

Methods	Detection metrics						
	AP	AP_{50}	AP_{75}	AP_T	AP_S	AP_M	AP_L
Faster-FPN-R50	34.8	60.0	35.4	14.0	41.8	55.4	52.2
Faster-FPN-R50 (kps guided)†	—	—	—	—	—	—	—
Hier-R50 (ours)	36.8	65.7	36.2	19.9	41.9	53.9	47.5

(b) 从属指标

Methods	Subordination metrics					
	AP^{sub}	AP^{sub}_{50}	AP^{sub}_{75}	AP^{sub}_S	AP^{sub}_M	AP^{sub}_L
Faster-FPN-R50	9.7	23.1	2.8	0.8	7.0	15.7
Faster-FPN-R50 (kps guided)†	12.7	27.4	3.1	0.9	9.8	20.1
Hier-R50 (ours)	20.0	52.9	11.6	4.8	15.9	32.2

如表 6-8 所示，毫无疑问，Hier R-CNN 能够在检测指标上取得竞争优势，并且通过以上两种分组方法，在从属指标上大大超过 Faster R-CNN。在从属指标中，尽管关键点引导比启发式方法更好，但是使用这两种分组方法的结果都仍然很差，仅达到 9.7% 和 12.7% 的 AP^{sub}。这意味着非学习的分组方法无法准确预测人体实例与部位的从属关系。而本章提出的 Hier R-CNN 可以达到 20.0% 的 AP^{sub} 和 52.9% 的 AP^{sub}_{50}，这带来约 8 点的 AP^{sub} 和 25 点的 AP^{sub}_{50} 的提升。在检测指标中，相对于 Faster R-CNN，Hier R-CNN 的结果增加了约 2 点。

表 6-9 所示为基于同等条件下，Faster R-CNN 以及 Hier R-CNN 在 COCO-H 集中对每一类的检测结果，可以看到除了右手/左手外，Hier R-CNN 结果中每个类别的检测精度都更高。

表 6-9 COCO-H 数据集中每一类的检测精度对比

Methods	Per category AP						
	Person	Person	Person	Person	Person	Person	Person
Faster-R50	51.4	48.7	36.7	31.7	29.7	22.4	22.9
Hier-R50	53.2	50.9	41.5	31.3	29.3	25.5	26.1
Δ	+1.8	+2.2	+4.8	-0.4	-0.4	+3.1	+3.2

3. 分析与讨论

在上文中通过大量实验验证了 Hier R-CNN 在实例级人体部位检测任务中的有效性。接下来本节将分析和讨论 Hier R-CNN 的推理速度、检测性能和定性结果。

（1）推理速度。在 NVIDIA Titan Xp GPU 上，Hier R-CNN 的推理速度约为 10.5 fps

（每张图像 95.2 ms），接近 Mask R-CNN 和 Parsing R-CNN 的速度。而且 Hier R-CNN 的后处理也非常快，因为它不需要额外的耗时进行人体部位分组。

（2）检测性能。如果忽略从属关系的预测，则 Hier R-CNN 可以被视为普通检测器。如表 6-10 所示，与主流检测器相比，Hier R-CNN 在人体部位检测方面具有最佳的性能。使用 ResNet-50 主干即可以实现 36.8% 的精度。而且，通过更深的主干网络 ResNet-101（R101）和 ResNeXt-101-32×8d（X101），可以将 Hier R-CNN 的检测性能进一步提高。Hier R-CNN 的 AP_T 明显高于其他方法，这表明 Hier R-CNN 在检测微小目标方面具有更好的性能。除左/右手外，Hier R-CNN 在每个类别的检测结果中也明显优于其他方法。

表 6-10 Hier R-CNN 与其他主流检测器在 COCO-H 数据集上的检测精度对比

(a) 所有类别的平均检测精度

Methods	All categories						
	AP	AP_{50}	AP_{75}	AP_T	AP_S	AP_M	AP_L
Faster-C4-R50	32.0	55.5	32.3	9.9	38.5	54.9	52.4
Faster-FPN-R50	34.8	60.0	35.4	14.0	41.8	55.4	52.2
RetinalNet-R50	32.2	54.7	33.3	10.0	39.8	54.5	53.8
FCOS-R50	34.1	58.6	34.5	13.1	40.7	55.1	55.1
Hier-R50(ours)	36.8	65.7	36.2	19.9	41.9	53.9	47.5
Faster-FPN-R101	36.0	62.1	36.5	14.8	43.0	57.2	54.8
Hier-R101(ours)	37.2	65.9	36.7	19.4	42.3	55.1	50.3
Faster-FPN-X101	36.7	62.8	37.4	21.7	46.2	57.4	55.3
Hier-X101(ours)	38.8	68.1	38.5	20.6	44.5	56.6	52.3

(b) 每一类别的检测精度

Methods	Per category AP						
	Person	Head	Face	R-hand	L-hand	R-foot	L-foot
Faster-C4-R50	50.5	47.5	35.5	27.2	24.9	19.2	19.3
Faster-FPN-R50	51.4	48.7	36.7	31.7	29.7	22.4	22.9
RetinalNet-R50	49.7	47.1	33.7	28.7	26.7	19.7	20.2
FCOS-R50	51.1	45.7	40.0	29.8	28.1	22.2	21.9
Hier-R50(ours)	53.2	50.9	41.5	31.3	29.3	25.5	26.1
Faster-FPN-R101	52.6	49.3	36.9	33.3	30.3	24.3	24.4
Hier-R101(ours)	54.0	54.4	41.6	31.6	30.1	26.0	26.6
Faster-FPN-X101	53.6	49.7	37.3	33.8	32.2	25.0	25.1
Hier-X101(ours)	55.4	52.3	43.2	33.5	32.0	27.4	27.9

（3）定性结果。本节还在图 6-9 中所示为 Hier R-CNN(X101-FPN) 的更多定性的结果。同时还可以通过 Hier R-CNN 解决密集与遮挡、微小目标、衣服遮挡、模糊、灰度图、不完整身体等问题。特别是对于微小的人体或人体部位，Hier R-CNN 具有出色的性能。因而有理由相信 Hier R-CNN 可以用作实例级人体部位检测的强大基准，从而继续促进该领域的发展。

(a) Crowd and Occlusion

(b) Tiny targets

(c) Clothe Occlusion

(d) Blur and Black-and-white

(e) Half body

图 6-9　Hier R-CNN 在 COCO-H 数据集验证集的定性结果

6.5　混合监督学习模型的消融实验

6.5.1　多数据源统计

在第 3 章中对 MSL-base 进行了详细介绍，这是一个可以同时利用 4 个数据源完成 5

个人体视觉理解子任务的端到端模型。本章中,COCO-H 的提出进一步丰富了人体视觉理解任务的数据源。

至此,在混合监督学习中所需的数据集如表 6-11 所示,分别是用于人体检测和人体实例分割任务的 COCO-P 数据集、用于实例级人体部位检测数据集 COCO-H 数据集、用于人体姿态估计任务的 COCO-K 数据集、用于人体解析任务的 CIHP 数据集以及用于密集姿态估计任务的 COCO-D 数据集。这些数据集提供了人体视觉理解 6 个子任务的标注信息。

表 6-11　MSL 所需的 5 个数据集统计

Database	Sample Images(Person)	Annotations					
		BBox	Mask	Parsing	Keypoints	Densepose	Hier
COCO-P	64 115(257 252)	√	√				
COCO-H	66 808(268 030)	√					√
COCO-K	56 599(149 813)	√			√		
COCO-D	32 382(46 422)	√			√	√	
CIHP	28 280(46 422)	√		√			

6.5.2　任务可扩展性分析

本节将 Hier 分支作为另外的一个分支网络加入 MSL-base 中去,使得的模型除完成人体检测、人体实例分割、人体解析、人体姿态估计、密集姿态估计任务外,还可以完成实例级人体实例部位检测任务。所得结果如表 6-12 所示。

表 6-12　MSL-base 加入 Hier 分支后在 6 个人体视觉理解子任务上的精度对比

Methods	Iters	BBox	Mask	Parsing	Keypoints	Densepose	Hier
		AP^{bb}/AP^{bb}_{50}	AP^m/AP^m_{50}	$mIoU/AP^p$	AP^{kp}/AP^{kp}_{50}	AP^d/AP^d_{50}	AP^h/AP^h_{50}
Hier R-CNN	90K						20.0/52.9
MSL-base	135K	55.0/82.8	47.7/79.6	49.1/46.9	63.5/85.8	60.6/91.6	
+Hier	135K	55.4/82.6	48.0/79.8	48.9/46.7	63.7/85.9	60.5/91.9	21.2/54.4

如表 6-11 所示,实验评估了以 ResNet-50 为主干网络的 Hier R-CNN 的精度,并将它作为一个新的子任务添加到 MSL-base 中。实验结果表明,增加了 Hier 分支的 MSL-base,其他子任务的精度几乎未发生明显变化,表明新任务的增加并未对其他任务带来不良影响,充分说明了 MSL-base 具有良好的扩展性。同时,在迭代次数方面,由于 COCO-H 数据集只增加了标注信息,而数据域与 COCO-P 基本相同,因此迭代次数依旧为 135K,不需要额外的训练迭代次数。

6.5.3 模型实验及性能分析

在本书的第 4、5 章节中,分别对 MSL-base 的网络结构以及模块设计进行了深入研究,在本章中为混合监督学习增添了新的任务:实例级人体部位检测。接下来,将 MSL-base 与以上网络结构、模块、任务进行组合,即得到最终的混合监督学习算法架构,如表 6-13 所示。

表 6-13　MSL 核心组件的消融实验

Methods	Parsing R-CNN	Air Net	Hier	BBox AP^{bb}/AP^{bb}_{50}	Mask AP^m/AP^m_{50}	Parsing mIoU/AP^p	Keypoints AP^{kp}/AP^{kp}_{50}	Densepose AP^d/AP^d_{50}	Hier AP^h/AP^h_{50}
MSL-base				55.0/82.8	47.7/79.6	49.1/46.9	63.5/85.8	60.6/91.6	
	√			55.3/83.0	48.2/79.9	54.4/53.1	64.0/86.1	65.1/93.0	
		√		56.7/84.3	49.0/81.1	50.5/49.6	65.2/86.7	61.4/91.6	
			√	55.4/82.6	48.0/79.8	48.9/46.9	63.7/85.9	60.5/91.9	21.2/54.4
MSL	√	√	√	57.5/84.6	49.4/81.6	56.6/55.9	66.0/86.7	65.9/93.1	22.6/56.0

本章在 MSL-base 基础上,采用 Parsing R-CNN 网络结构以及 AirNet 模块,并增加了一项新任务 Hier,得到了完整的面向人体视觉理解的混合监督学习算法架构,如图 6-10 所示。

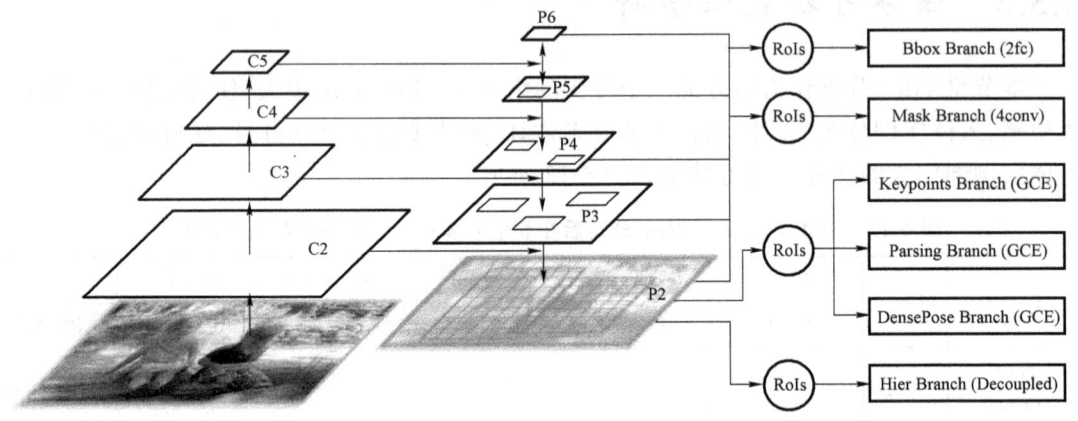

图 6-10　支持 6 个人体视觉理解子任务学习的 MSL 网络结构示意图

如表 6-13 所示,MSL 在各个任务上的精度相较 MSL-base 都有着很大的提升。将 MSL 与基于 Mask R-CNN 的单任务方法对比。如表 6-13 所示,混合监督学习在大部分任务中超越了单任务方法。由于 Parsing R-CNN 的使用增强了混合监督学习对多任务的适用性,使得人体解析、人体姿态估计以及密集姿态估计任务的精度都得到了明显的提升。而 AirNet 提升了混合监督学习对多数据源的域适应性和鲁棒性,它的使用对所有任务都有优化促进作用,包括人体检测和人体实例分割两个基础任务。混合监督学习相较于各项单任务模型,在人体检测、人体实例分割、人体解析、人体姿态估计、密集姿态估计以及实例级人体部位检测 6 个人体视觉理解子任务中,精度分别提升了 2.8 点、2.0 点、9.2 点、4.1 点、9.8 点和 2.6 点,平均提升幅度约为 10%。

表 6-14 MSL 与单任务方法的精度和速度对比

Methods	Backbone	BBox AP^{bb}/AP^{bb}_{50}	Mask AP^{m}/AP^{m}_{50}	Parsing mIoU/AP^{p}	Keypoints AP^{kp}/AP^{kp}_{50}	Dense-pose AP^{d}/AP^{d}_{50}	Hier AP^{h}/AP^{h}_{50}	FPS
MaskR-CNN (mask)	ResNet-50	54.7/81.4	47.4/79.3					9.2
Mask R-CNN (parsing)	ResNet-50			47.4/44.5				11.1
Mask R-CNN (keypoints)	ResNet-50				61.9/84.9			11.4
MaskR-CNN (densepose)	ResNet-50					56.1/90.6		11.8
Hier R-CNN (hier)	ResNet-50						20.0/52.9	10.5
MSL	ResNet-50	55.7/82.8	48.4/80.0	54.1/52.5	64.1/86.1	65.1/92.9	21.4/54.5	8.6
MSL	AirNet-50	57.5/84.6	49.4/81.6	56.6/55.9	66.0/86.9	65.9/93.1	22.6/56.0	8.1

表 6-14 所示为各种方法的速度。混合监督学习在推理速度上也具有优势,可以用较快速度同时完成 6 项人体视觉理解任务,每张图像的平均推理耗时约为 123 ms(8.1 fps)。如果采用传统的多项单任务方法完成 6 项人体视觉理解任务,则需要完成 5 个单任务模型的推理,整体耗时约为 108+90+87+84+95=464 ms(2.1 fps)。混合监督学习在推理效率上约为多项单任务方法的 3.8 倍。

在本节的最后给出混合监督学习的可视化结果,如图 6-11 所示。对于复杂的场景,混合监督学习仍然可以出色地完成人体视觉理解任务的预测。

图 6-11 MSL 输出的 6 个人体视觉理解子任务的可视化结果

6.6 小结

在本章中通过增加了一项新的人体视觉理解子任务,验证了混合监督学习的可扩展性。首先,本章提出了一个大型实例级人体部位检测数据集 COCO 人体部位数据集,接下来介绍了用于层级目标检测的 Hier R-CNN 网络结构,并针对实例的尺度差异较大造成的检测精度低这一问题进行了解决。同时为了更加合理的评估结果,为微小尺度的实例增加了 AP_T 指标,以及为人体部位的从属关系增加了从属指标 AP^{sub}。本章通过一系列实验证明了 Hier R-CNN 可以在 COCO 人体部位数据集上,较为准确的检测出人体实例和 6 种人体部位,同时可以对人体部位及对应从属关系进行预测。本章还将 Hier R-CNN 与先进目标检测方法进行了对比,证明了 Hier R-CNN 具有绝对的竞争优势。

基于前面章节中提出的 Parsing R-CNN 网络结构以及 AirNet 模块,本章的最后对第 3 章中介绍的 MSL-base 进行了完善。为混合监督学习添加了一项新的人体视觉理解子任务,最终可以实现人体检测、人体实例分割、人体解析、人体姿态估计、密集姿态估计以及实例级人体部位检测 6 个人体视觉理解子任务,实现了完整的混合监督学习的完整算法架构。

综上所述,本书针对人体视觉理解问题,基于多数据源多任务学习的思想,提出了混合监督学习方法,并且通过大量实验来验证混合监督学习的有效性和优越性。在效率和精度方面,混合监督学习领先于非端到端的多数据源多任务学习方法(数据蒸馏和分支级优化),也超过了多项单任务组合的方法。

第 7 章

总结与展望

7.1 本书总结

本书系统性地分析了人体视觉理解存在的问题,并基于多数据源多任务学习的思想,设计了一个可以实现端到端人体视觉理解的方法:混合监督学习(Mix-Supervised Learning,MSL)。为了验证混合监学习对人体视觉理解任务的有效性,本书利用 5 种数据源进行了 6 个人体视觉理解子任务的学习,包括人体检测、人体实例分割、人体解析、人体姿态估计、密集姿态估计以及实例级人体部位检测。全书以从整体到局部、从细节完善架构的研究脉络,对混合监督学习的基本模型到各个重要问题分别进行了深入剖析,最后为人体视觉理解扩充一项新的任务来验证混合监督学习的可扩展性。

本书的主要工作和贡献有:

(1) 本书通过分析人体视觉理解的效率和精度问题,基于多数据源多任务学习的思想提出了混合监督学习方法。混合监督学习是一种共享主干的多任务学习架构,可以端到端地采用单一模型从多个数据源中对人体视觉信息进行建模和预测,同时完成人体检测、人体实例分割、人体解析、人体姿态估计、密集姿态估计以及实例级人体部位检测 6 个人体视觉理解子任务。

(2) 针对混合监督学习对人体视觉理解的多任务适用性,提出了适用于构建人体几何信息和增强全局语义信息的解析区域卷积网络。解析区域卷积网络通过几何和上下文编码模块、全局语义增强特征金字塔网络以及解析重评分网络的设计,有效地扩大了网络感受野并可以捕获不同部位之间的关系,还增强多尺度特征的全局信息,同时能够更加精准地处理更为复杂的人体视觉理解任务。

(3) 针对混合监督学习对人体视觉理解的多数据源鲁棒性,本书重新审视了空间注意力机制与网络感受野之间的关系,通过研究注意力机制与网络感受野之间的关系增强网络的平移不变性和尺度不变性,提出了注意力激发感受野模块。基于理论分析和实验验证,在多项人体视觉理解任务上验证该模块对不同数据源的泛化能力。通过将该模块嵌入到混合监督学习的主干网络,为人体视觉理解提到更多有价值的图像信息。

（4）为了探究混合监督学习在人体视觉理解任务上的可扩展性，本书提出了一项新的人体视觉理解子任务：实例级人体部位检测任务。该任务的目标是在多人场景中检测每个人的部位位置及其与人体实例的从属关系。本书还设计并构建了一个针对该任务的大型人体实例部位检测数据集，以及设计了一个简洁有效的基准算法及其相关评价指标。将实例级人体部位检测任务作为一项子任务应用到混合监督学习中，在保证了实例级人体部位检测任务精度的同时不损害其他人体视觉理解任务的性能，从而有效地验证了混合监督学习具有良好的可扩展性。

（5）混合监督学习在人体视觉理解任务的效率和精度方面全面领先现有的解决方案；相较于非端到端的多数据源多任务学习方法，6个人体视觉理解子任务的平均精度领先约15%，训练迭代减少约50%和30%；相较于多个单任务组合的方法，6个子任务的平均精度领先约10%，推理速度领先约3.8倍。

7.2 未来工作

本书系统性的研究了人体视觉理解任务的特性与挑战，基于多数据源多任务学习的思想提出了混合监督学习方法，并在基本模型、任务适用性、数据鲁棒性和可扩展性等关键问题上开展了一系列研究。并通过大量的实验验证了混合监督学习在人体视觉理解任务效率和精度方面的优势。但结合现实应用场景，对于该课题中存在的关键问题仍有极大的可挖掘潜力。未来需要重点研究的内容包括且不限于：

（1）面向人体视觉理解的多数据源多任务学习方法性能的进一步探索。尽管本书针对该问题进行了充分探究，提出了混合监督学习方法，并已经取得了初步的成功。但是在算法的效率、精度以及速度上依旧是未来进一步的研究方向。在未来工作中，针对人体视觉理解问题可以对混合监督学习的模型设计继续进行优化。通过借鉴和融合一些新方法，从而得到更加轻量且高效的模型。还可以通过融合一些其他领域的重要思想，例如利用生成对抗网络来提升数据质量；借助元学习领域的相关知识来为混合监督学习赋予更强的学习能力；以及借助长尾领域的一些重要思想来处理数据分布不均衡等问题。从而使得混合监督学习在具有一定良好的精度、速度等性能的同时，还具备灵活的扩展性和更多的应用价值。

（2）混合监督迁学习适用领域泛化性研究。本书针对人体视觉理解问题，基于多数据源多任务学习的思想，提出了混合监督学习方法。混合监督学习在人体视觉理解领域得到了成功的应用，但尚未在其他领域进行探索和实践。除了人体视觉理解问题，在其他目标中同样存在多数据源多任务学习的需求，例如车辆、场景等目标。结合本书的设计初衷，以及混合监学习良好的任务可扩展性，有理由相信混合监督学习具备良好的适用领域泛化性。但是不同领域的分析目标有着较大的差异，设计适配该目标的网络结构和模块是必要的。因此，针对混合监督学习在其他领域的泛化性，以及相应的网络结构和模块设计，是未来值得深入研究的工作。

（3）有关无监督学习对混合监督学习性能提升性的探索。由于深度学习对数据具有极强的依赖性，首先数据标注质量的好坏在很大程度上影响着模型的性能，同时有一些领域还面临着数据标注成本巨大甚至数据难以获得等问题。混合监督学习中的多数据源可以提供大量的原始数据，而标注信息却又不全面。因而探索无监督学习对于混合监督学习的性能提升，也是一个未来值得深入研究的工作。

参 考 文 献

[1] 马颂德,张正友.计算机视觉—计算机理论与算法基础[M].北京:科学出版社,1998.

[2] Szegedy C,Liu W,Jia Y,et al.Going Deeper with Convolutions[A]//Proceedings of the IEEE Conference on Computer Vision and Pattern Recognition,2015[C]:1-9.

[3] He K,Zhang X,Ren S,et al.Deep Residual Learning for Image Recognition[A]//Proceedings of the IEEE Conference on Computer Vision and Pattern Recognition,2016[C]:770-778.

[4] 高莹莹,朱维彬.深层神经网络中间层可见化建模[J].自动化学报,2015,41(9):1627-1637.

[5] Li J,Liang X,Shen S,et al.Scale-aware Fast R-CNN for Pedestrian Detection[J].IEEE Transactions on Multimedia,2017,20(4):985-996.

[6] Wang X,Xiao T,Jiang Y,et al.Repulsion Loss:Detecting Pedestrians in A Crowd[A]//Proceedings of the IEEE Conference on Computer Vision and Pattern Recognition,2018[C]:7774-7783.

[7] Zhang S,Wen L,Bian X,et al.Occlusion-aware R-CNN:Detecting Pedestrians in A Crowd[A]//Proceedings of the European Conference on Computer Vision,2018[C]:637-653.

[8] Girshick R,Iandola F,Darrell T,et al.Deformable Part Models are Convolutional Neural Networks[A]//Proceedings of the IEEE Conference on Computer Vision and Pattern Recognition,2015[C]:437-446.

[9] Zhou X,Koltu V,Krähenbühl P.Tracking Objects as Points[A]//Proceedings of the European Conference on Computer Vision,2020[C]:474-490.

[10] Zhan Y,Wang C,Wang X,et al.A Simple Baseline for Multi-object Tracking[J].arXiv:2004.01888,2020.

[11] He K,Gkioxari G,Dollár P,et al.Mask R-CNN[A]//Proceedings of the IEEE International Conference on Computer Vision,2017[C]:2961-2969.

[12] Liu S,Qi L,Qin H,et al.Path Aggregation Network for Instance Segmentation[A]//Proceedings of the IEEE Conference on Computer Vision and Pattern Recognition,2018[C]:8759-8768.

[13] Dong J,Chen Q,Shen X,et al.Towards Unified Human Parsing and Pose Estimation[A]//Proceedings of the IEEE Conference on Computer Vision and Pattern Recognition,2014[C]:843-850.

[14] Liang X,Xu C,Shen X,et al.Human Parsing with Contextualized Convolutional

Neural Network [A]//Proceedings of the IEEE International Conference on Computer Vision,2015 [C]:1386-1394.

[15] Li J,Zhao J,Wei Y,et al.Multiple-human Parsing in the Wild [J].arXiv:1705.07206,2017.

[16] Luvizon C,Tabia H,Picard D.Human Pose Regression by Combining Indirect Part Detection and Contextual Information [J].arXiv:1710.02322 2017.

[17] Carreira J,Agrawal P,Fragkiadaki K,et al.Human Pose Estimation with Iterative Error Feedback [A]//Proceedings of the IEEE Conference on Computer Vision and Pattern Recognition,2016 [C]:4733-4742.

[18] Sun X,Shang J,Liang S,et al.Compositional Human Pose Regression [A]//Proceedings of the IEEE International Conference on Computer Vision,2017 [C]:2602-2611.

[19] Li W,Zhu X,Gong S.Harmonious Attention Network for Person Re-identification [A]//Proceedings of the IEEE Conference on Computer Vision and Pattern Recognition,2018 [C]:2285-2294.

[20] Miao J,Wu Y,Liu P,et al.Pose-guided Feature Alignment for Occluded Person Re-identification [A]//Proceedings of the IEEE International Conference on Computer Vision,2019 [C]:542-551.

[21] Lun R,Zhao W.A Survey of Applications and Human Motion Recognition with Microsoft Kinect [J].International Journal of Pattern Recognition and Artificial Intelligence,2015,29(5):1555008.

[22] Girdhar R,Ramanan D.Attentional Pooling for Action Recognition [A]//Advances in Neural Information Processing Systems,2017 [C]:34-45.

[23] Luvizon C,Picard D,Tabia H.2D/3D Pose Estimation and Action Recognition Using Multitask Deep Learning [A]//Proceedings of the IEEE Conference on Computer Vision and Pattern Recognition,2018 [C]:5137-5146.

[24] Güler R,Neverova N,Kokkinos I.Densepose:Dense Human Pose Estimation in the Wild [A]//Proceedings of the IEEE Conference on Computer Vision and Pattern Recognition,2018 [C]:7297-7306.

[25] Guo Y,Gao L,Song J,et al.Adaptive Multi-Path Aggregation for Human Densepose Estimation in the Wild [A]//Proceedings of the ACM International Conference on Multimedia,2019 [C]:356-364.

[26] Zhu Y,Park T,Isola P,et al.Unpaired Image-to-Image Translation Using Cycle-Consistent Adversarial Networks [A]//Proceedings of the IEEE International Conference on Computer Vision,2017 [C]:2223-2232.

[27] Yang L,Song Q,Wu Y.Attacks on State-of-the-art face Recognition Using Attentional Adversarial Attack Generative Network [J].Multimedia Tools and Applications,2021,80(1):855-875.

[28] Cavallanti G, Cesa-Bianchi N, Gentile C. Linear Algorithms for Online Multitask Classification [J]. Journal of Machine Learning Research, 2010, 11(5): 2901-2934.

[29] Zhang K, Zhang Z, Li Z, et al. Joint Face Detection and Alignment Using Multitask Cascaded Convolutional Networks [J]. IEEE Signal Processing Letters, 2016, 23(10): 1499-1503.

[30] Caruana R. Multitask Learning [J]. Machine Learning, 1997, 28(1): 41-75.

[31] Xiao T, Liu Y, Zhou B, Jiang Y, Sun J. Unified Perceptual Parsing for Scene Understanding [A]//Proceedings of the European Conference on Computer Vision, 2018 [C]: 418-434.

[32] Girshick R, Donahue J, Darrell T, et al. Rich Feature Hierarchies for Accurate Object Detection and Semantic Segmentation [A]//Proceedings of the IEEE Conference on Computer Vision and Pattern Recognition, 2014 [C]: 580-587.

[33] Girshick R. Fast R-CNN [A]//Proceedings of the IEEE International Conference on Computer Vision, 2015 [C]: 1440-1448.

[34] Ren S, He K, Girshick R, et al. Faster R-CNN: Towards Real-time Object Detection with Region Proposal Networks [J]. IEEE Transactions on Pattern Analysis and Machine Intelligence, 2016, 39(6): 1137-1149.

[35] Redmon J, Divvala S, Girshick R, et al. You Only Look Once: Unified, Real-time Object Detection [A]//Proceedings of the IEEE Conference on Computer Vision and Pattern Recognition, 2016 [C]: 779-788.

[36] Liu W, Anguelov D, Erhan D, et al. SSD: Single Shot Multibox Detector [A]//Proceedings of the European Conference on Computer Vision, 2016 [C]: 21-37.

[37] Peng C, Xiao T, Li Z, et al. MegDet: A Large Mini-batch Object Detector [A]//Proceedings of the IEEE Conference on Computer Vision and Pattern Recognition, 2018 [C]: 6181-6189.

[38] Zhu B, Song Q, Yang L, et al. CPM R-CNN: Calibrating Point-guided Misalignment in Object Detection [A]//Proceedings of the IEEE Winter Conference on Applications of Computer Vision, 2021 [C]: 3248-3257.

[39] Angelova A, Krizhevsky A, Vanhoucke V, et al. Real-time Pedestrian Detection with Deep Network Cascades [J]. 2015.

[40] Zhang L, Lin L, Liang X, et al. Is Faster R-CNN Doing Well for Pedestrian Detection? [A]//Proceedings of the European Conference on Computer Vision, 2016 [C]: 443-457.

[41] Yang F, Choi W, Lin Y. Exploit All the Layers: Fast and Accurate CNN Object Detector with Scale Dependent Pooling and Cascaded Rejection Classifiers [A]//Proceedings of the IEEE Conference on Computer Vision and Pattern Recognition, 2016 [C]: 2129-2137.

[42] Mao J, Xiao T, Jiang Y, et al. What Can Help Pedestrian Detection? [A]//Proceedings of the IEEE Conference on Computer Vision and Pattern Recognition, 2017 [C]: 3127-3136.

[43] Liu W, Liao S, Ren W, et al. High-level Semantic Feature Detection: A New Perspective for Pedestrian Detection [A]//Proceedings of the IEEE Conference on Computer Vision and Pattern Recognition, 2019 [C]: 5187-5196.

[44] Uijlings R, Sande K, Gevers T, et al. Selective Search for Object Recognition [J]. International Journal of Computer Vision, 2013, 104(2): 154-171.

[45] Hou Y, Zheng L, Gould S. Multiview Detection with Feature Perspective Transformation [A]//Proceedings of the European Conference on Computer Vision, 2020 [C]: 1-18.

[46] Zhang S, Benenson R, Schiele B. Citypersons: A Diverse Dataset for Pedestrian Detection [A]//Proceedings of the IEEE Conference on Computer Vision and Pattern Recognition, 2017 [C]: 3213-3221.

[47] Dollar P, Wojek C, Schiele B, et al. Pedestrian Detection: An Evaluation of the State of the Art [J]. IEEE Transactions on Pattern Analysis and Machine Intelligence, 2011, 34(4): 743-761.

[48] Ess A, Leibe B, Van Gool L. Depth and Appearance for Mobile Scene Analysis [A]//Proceedings of the IEEE International Conference on Computer Vision, 2007 [C]: 1-8.

[49] Dalal N, Triggs B. Histograms of Oriented Gradients for Human Detection [A]//Proceedings of the IEEE Conference on Computer Vision and Pattern Recognition, 2005 [C]: 886-893.

[50] Shao S, Zhao Z, Li B, et al. Crowdhuman: A Benchmark for Detecting Human in A Crowd [J]. arXiv: 1805.00123, 2018.

[51] Geiger A, Lenz P, Stiller C, et al. Vision Meets Robotics: The KITTI Dataset [J]. The International Journal of Robotics Research, 2013, 32(11): 1231-1237.

[52] Li Y, Qi H, Dai J, et al. Fully Convolutional Instance-aware Semantic Segmentation [A]//Proceedings of the IEEE Conference on Computer Vision and Pattern Recognition, 2017 [C]: 2359-2367.

[53] Zagoruyko S, Lerer A, Lin T-Y, et al. A Multipath Network for Object Detection [J]. arXiv: 1604.02135, 2016.

[54] Dai J, He K, Sun J. Instance-aware Semantic Segmentation via Multi-task Network Cascades [A]//Proceedings of the IEEE Conference on Computer Vision and Pattern Recognition, 2016 [C]: 3150-3158.

[55] Li Z, Zhou F, Yang L. Fast Single Shot Instance Segmentation [A]//Proceedings of the Asian Conference on Computer Vision, 2018 [C]: 257-272.

[56] Chen K, Pang J, Wang J, et al. Hybrid Task Cascade for Instance Segmentation [A]//Proceedings of the IEEE Conference on Computer Vision and Pattern Recognition, 2019 [C]: 4974-4983.

[57] Tian Z, Shen C, Chen H, et al. FCOS: Fully Convolutional One-stage Object Detection [A]//Proceedings of the IEEE International Conference on Computer Vision, 2019 [C]: 9627-9636.

[58] Chen H, Sun K, Tian Z, et al. BlendMask: Top-down Meets Bottom-up for Instance Segmentation [A]//Proceedings of the IEEE Conference on Computer Vision and Pattern Recognition, 2020 [C]: 8573-8581.

[59] Pinheiro O, Collobert R, Dollár P. Learning to Segment Object Candidates [A]//Advances in Neural Information Processing Systems, 2015 [C]: 1990-1998.

[60] Pinheiro O, Lin T-Y, Collobert R, et al. Learning to Refine Object Segments [A]//Proceedings of the European Conference on Computer Vision, 2016 [C]: 75-91.

[61] Dai J, He K, Li Y, et al. Instance-sensitive Fully Convolutional Networks [A]//Proceedings of the European Conference on ComputerVision, 2016 [C]: 534-549.

[62] Chen X, Girshick R, He K, et al. TensorMask: A Foundation for Dense Object Segmentation [A]//Proceedings of the IEEE International Conference on Computer Vision, 2019 [C]: 2061-2069.

[63] Lin T-Y, Maire M, Belongie S, et al. Microsoft COCO: Common Objects in Context [A]//Proceedings of the European Conference on Computer Vision, 2014 [C]: 740-755.

[64] Cordts M, Omran M, Ramos S, et al. The Cityscapes Dataset for Semantic Urban Scene Understanding [A]//Proceedings of the IEEE Conference on Computer Vision and Pattern Recognition, 2016 [C]: 3213-3223.

[65] Neuhold G, Ollmann T, Rota S, et al. The Mapillary Vistas Dataset for Semantic Understanding of Street Scenes [A]//Proceedings of the IEEE International Conference on Computer Vision, 2017 [C]: 4990-4999.

[66] Li X, Yang L, Song Q, et al. Detector-in-Detector: Multi-level Analysis for Human-parts [A]//Proceedings of the Asian Conference on Computer Vision, 2018 [C]: 228-240.

[67] Chen G, Cai X, Han H, et al. HeadNet: Pedestrian Head Detection Utilizing Body in Context [A]//Proceedings of the IEEE International Conference on Automatic Face & Gesture Recognition, 2018 [C]: 556-563.

[68] Narasimhaswamy S, Wei Z, Wang Y, et al. Contextual Attention for Hand Detection in the Wild [A]//Proceedings of the IEEE International Conference on Computer Vision, 2019 [C]: 9567-9576.

[69] Bulat A, Tzimiropoulos G. How Far are We from Solving the 2D & 3D Face Alignment Problem? (and A Dataset of 230,000 3D Facial Landmarks) [A]//Proceedings of the IEEE International Conference on Computer Vision, 2017 [C]: 1021-1030.

[70] Feng Y, Wu F, Shao X, et al. Joint 3D Face Reconstruction and Dense Alignment with Position Map Regression Network [A]//Proceedings of the European Conference on Computer Vision, 2018 [C]: 534-551.

[71] Han H, Jain K, Wang F, et al. Heterogeneous Face Attribute Estimation: A Deep Multi-task Learning Approach [J]. IEEE Transactions on Pattern Analysis and Machine Intelligence, 2017, 40(11): 2597-2609.

[72] Bambach S,Lee S,Crandall J,et al.Lending A Hand: Detecting Hands and Recognizing Activities in Complex Egocentric Interactions [A]//Proceedings of the IEEE International Conference on Computer Vision,2015 [C]:1949-1957.

[73] Boukhayma A,Bem R,Torr H.3D Hand Shape and Pose from Imagesin The Wild [A]//Proceedings of the IEEE Conference on Computer Vision and Pattern Recognition,2019 [C]: 10843-10852.

[74] Ge L,Liang H,Yuan J,et al.Real-time 3D Hand Pose Estimation with 3D Convolutional Neural Networks [J].IEEE Transactions on Pattern Analysis and Machine Intelligence,2018,41(4): 956-970.

[75] Chen C-Y,Grauman K.Predicting the Location of "Interactees" in Novel Human-Object Interactions [A]//Proceedings of the Asian Conference on Computer Vision,2014 [C]: 351-367.

[76] Gkioxari G,Girshick R,Dollár P,et al.Detecting and Recognizing Human-object Interactions [A]//Proceedings of the IEEE Conference on Computer Vision and Pattern Recognition,2018 [C]: 8359-8367.

[77] GaoC,Zou Y,Huang J-B.iCAN: Instance-centric Attention Network for Human-object Interaction Detection [J].arXiv:1808.10437,2018.

[78] Everingham M,Van Gool L,Williams K,et al.The Pascal Visual Object Classes (VOC) Challenge [J].International Journal of Computer Vision,2010,88(2): 303-338.

[79] Cao Z,Simon T,Wei S-E,et al.Realtime Multi-person 2D Pose Estimation Using Part Affinity Fields [A]//Proceedings of the IEEE Conference on Computer Vision and Pattern Recognition,2017 [C]: 7291-7299.

[80] Corvee E,Bremond F.Body Parts Detection for People Tracking Using Trees of Histogram of Oriented Gradient Descriptors [A]//Proceedings of the IEEE International Conference on Advanced Video and Signal Based Surveillance,2010 [C]: 469-475.

[81] Wu B,Nevatia R.Tracking of Multiple,Partially Occluded Humans Based on Static Body Part Detection [A]//Proceedings of the IEEE Conference on Computer Vision and Pattern Recognition,2006 [C]: 951-958.

[82] Yao W,Deng Z.A Robust Pedestrian Detection Approach Based on Shapelet Feature and Haar Detector Ensembles [J].Tsinghua Science and Technology,2012,17(1): 40-50.

[83] Felzenszwalb F,Huttenlocher P.Pictorial Structures for Object Recognition [J].International Journal of Computer Vision,2005,61(1): 55-79.

[84] Andriluka M,Roth S,Schiele B.Pictorial Structures Revisited: People Detection and Articulated Pose Estimation [A]//Proceedings of the IEEE Conference on Computer Vision and Pattern Recognition,2009 [C]: 1014-1021.

[85] Jiang H.Human Pose Estimation Using Consistent Max Covering [J].IEEE Transactions on Pattern Analysis and Machine Intelligence,2011,33(9): 1911-1918.

[86] Lu Y,Jiang H.Human Movement Summarization and Depiction from Videos [A]//Proceedings of the IEEE International Conference on Multimedia and Expo,2013 [C]：1-6.

[87] Fragkiadaki K,Hu H,Shi J.Pose from Flow and Flow from Pose [A]//Proceedings of the IEEE Conference on Computer Vision and Pattern Recognition,2013 [C]：2059-2066.

[88] Wang F,Han H,Shan S,et al.Deep Multi-task Learning for Joint Prediction of Heterogeneous Face Attributes [A]//12th IEEE International Conference on Automatic Face & Gesture Recognition,2017 [C]：173-179.

[89] Gu J,Lan C,Chen W,et al.Joint Pedestrian and Body Part Detection via Semantic Relationship Learning [J].AppliedSciences,2019,9(4)：752.

[90] Mittal A,Zisserman A,Torr S.Hand Detection Using Multiple Proposals [A]//The British Machine Vision Conference,2011 [C],2(3)：5.

[91] Liang J,Jiang L,Niebles C,et al.Peeking into the Future：Predicting Future Person Activities and Locations in Videos [A]//Proceedings of the IEEE Conference on Computer Vision and Pattern Recognition,2019 [C]：5725-5734.

[92] Wu J,Zheng H,Zhao B,et al. AI Challenger：A Large-scale Dataset for Going Deeper in Image Understanding [J].arXiv：1711.06475,2017.

[93] Kuznetsova A,Rom H,Alldrin N,et al.The Open Images Dataset V4 [J].International Journal of Computer Vision,2020：1-26.

[94] Yang Y,Ramanan D.Articulated Pose Estimation with Flexible Mixtures-of-parts [A]//Proceedings of the IEEE Conference on Computer Vision and Pattern Recognition,2011 [C]：1385-1392.

[95] Dong J,Chen Q,Xia W,et al.A Deformable Mixture Parsing Model with Parselets [A]//Proceedings of the IEEE International Conference on Computer Vision,2013 [C]：3408-3415.

[96] Tighe J,Lazebnik S.Superparsing：Scalable Nonparametric Image Parsing with Superpixels [A]//Proceedings of the European Conference on Computer Vision,2010 [C]：352-365.

[97] Yamaguchi K,Kiapour H,Ortiz E,et al.Parsing Clothingin Fashion Photographs [A]//Proceedings of the IEEE International Conference on Computer Vision,2012 [C]：3570-3577.

[98] Ladicky L,Torr S,Zisserman A.Human Pose Estimation using A Joint Pixel-wise and Part-wise Formulation [A]//Proceedings of the IEEE International Conference on Computer Vision,2013 [C]：3578-3585.

[99] Chen L,Papandreou G,Kokkinos I,et al.Semantic Image Segmentation with Deep Convolutional Nets and Fully Connected CRFs [J].Computer Science,2014(4)：357-361.

[100] Zheng S,Jayasumana S,Romera-Paredes B,et al.Conditional Random Fields as Recurrent Neural Networks [A]//Proceedings of the IEEE International Conference on Computer Vision,2015 [C]：1529-1537.

[101] Chen L-C, Yang Y, Wang J, et al. Attention to Scale: Scale-aware Semantic Image Segmentation [A]//Proceedings of the IEEE International Conference on Computer Vision, 2016 [C]: 3640-3649.

[102] Xia F, Wang P, Chen L-C, et al. Zoom Better to See Clearer: Human Part Segmentation with Auto Zoom Net [A]//Proceedings of the European Conference on Computer Vision, 2016 [C]: 648-663.

[103] Gong K, Liang X, Zhang D, et al. Look into Person: Self-supervised Structure-sensitive Learning and A New Benchmark For Human Parsing [A]//Proceedings of the IEEE Conference on Computer Vision and Pattern Recognition, 2017 [C]: 932-940.

[104] Gong K, Liang X, Li Y, et al. Instance-level Human Parsing via Part Grouping Network [A]//Proceedings of the European Conference on Computer Vision, 2018 [C]: 770-785.

[105] Gong K, Gao Y, Liang X, et al. Graphonomy: Universal Human Parsing via Graph Transfer Learning [A]//Proceedings of the IEEE Conference on Computer Vision and Pattern Recognition, 2019 [C]: 7450-7459.

[106] He H, Zhang J, Zhang Q, et al. Grapy-ML: Graph Pyramid Mutual Learning for Cross-Dataset Human Parsing [A]//Proceedings of the AAAI Conference on Artificial Intelligence, 2020 [C]: 10949-10956.

[107] Ruan T, Liu T, Huang Z, et al. Devil in the Details: Towards Accurate Single and Multiple Human Parsing [A]//Proceedings of the AAAI Conference on Artificial Intelligence, 2019 [C]: 4814-4821.

[108] Liu X, Zhang M, Liu W, et al. BraidNet: Braiding Semantics and Details ffor Accurate Human Parsing [A]//Proceedings of the ACM International Conference on Multimedia, 2019 [C]: 338-346.

[109] Ji R, Du D, Zhang L, et al. Learning Semantic Neural Tree for Human Parsing [J]. arXiv:1912.09622, 2019.

[110] Yang L, Song Q, Wang Z, et al. Quality-Aware Network for Human Parsing [J]. arXiv:2103.05997, 2021.

[111] Yang L, Song Q, Wang Z, et al. Parsing R-CNN for Instance-level Human Analysis [A]//Proceedings of the IEEE Conference on Computer Vision and Pattern Recognition, 2019 [C]: 364-373.

[112] Yang L, Song Q, Wang Z, et al. Renovating Parsing R-CNN for Accurate Multiple Human Parsing [A]//Proceedings of the European Conference on Computer Vision, 2020 [C]: 421-437.

[113] Chen X, Mottaghi R, Liu X, et al. Detect What You Can: Detecting and Representing Objects Using Holistic Models and Body Parts [A]//Proceedings of the IEEE Conference on Computer Vision and Pattern Recognition, 2014 [C]: 1971-1978.

[114] Liu Y, Cheng M-M, Hu X, et al. Richer Convolutional Features for Edge Detection

[A]//Proceedings of the IEEE Conference on Computer Vision and Pattern Recognition,2017 [C]:3000-3009.

[115] Hariharan B,Arbeláez P,Girshick R,et al.Simultaneous Detection and Segmentation [A]//Proceedings of the European Conference on Computer Vision, 2014 [C]:297-312.

[116] Nibali A,He Z,Morgan S,et al.Numerical Coordinate Regression with Convolutional Neural Networks [J].arXiv:1801.07372,2018.

[117] Newell A,Yang K,Deng J.Stacked Hourglass Networks for Human Pose Estimation [A]//Proceedings of the European Conference on Computer Vision, 2016 [C]:483-499.

[118] Wei S-E,Ramakrishna V,Kanade T,et al.Convolutional Pose Machines [A]//Proceedings of the IEEE Conference on Computer Vision and Pattern Recognition, 2016 [C]:4724-4732.

[119] Yang W,Ouyang W,Li H,et al.End-to-end Learning of Deformable Mixture of Parts and Deep Convolutional Neural Networks for Human Pose Estimation [A]//Proceedings of the IEEE Conference on Computer Vision and Pattern Recognition,2016 [C]:3073-3082.

[120] Sun K,Xiao B,Liu D,et al.Deep High-Resolution Representation Learning for Human Pose Estimation [A]//Proceedings of the IEEE Conference on Computer Vision and Pattern Recognition,2019 [C]:5693-5703.

[121] Chu X,Yang W,Ouyang W,et al.Multi-context Attention for Human Pose Estimation [A]//Proceedings of the IEEE Conference on Computer Vision and Pattern Recognition,2017 [C]:1831-1840.

[122] Tang W,Yu P,Wu Y.Deeply Learned Compositional Models for Human Pose Estimation [A]//Proceedings of the European Conference on Computer Vision,2018 [C]:190-206.

[123] Lin T-Y,Dollár P,Girshick R,et al.Feature Pyramid Networks for Object Detection [A]//Proceedings of the IEEE Conference on Computer Vision and Pattern Recognition,2017 [C]:2117-2125.

[124] Pishchulin L,Insafutdinov E,Tang S,et al.DeepCut:Joint Subset Partition and Labeling for Multi Person Pose Estimation [A]//Proceedings of the IEEE Conference on Computer Vision and Pattern Recognition,2016 [C]:4929-4937.

[125] Nie X,Feng J,Xing J,et al.Pose Partition Networks for Multi-person Pose Estimation [A]//Proceedings of the European Conference on Computer Vision, 2018 [C]:684-699.

[126] Andriluka M,Pishchulin L,Gehler P,et al.2D Human Pose Estimation:New Benchmark and State-of-the-art Analysis [A]//Proceedings of the IEEE Conference on computer Vision and Pattern Recognition,2014 [C]:3686-3693.

[127] Ferrari V,Marin-Jimenez M,Zisserman A.Progressive Search Space Reduction for

[127] (continued) Human Pose Estimation [A]//Proceedings of the IEEE Conference on Computer Vision and Pattern Recognition,2008 [C]:1-8.

[128] Yang Y,Ramanan D.Articulated Human Detectionwith Flexible Mixtures of Parts [J]. IEEE Transactions on Pattern Analysis and Machine Intelligence,2012,35(12):2878-2890.

[129] Bogo F,Kanazawa A,Lassner C,et al.Keep It SMPL:Automatic Estimation of 3D Human Pose and Shape from A Single Image [A]//Proceedings of the European Conference on Computer Vision,2016 [C]:561-578.

[130] Güler R,Trigeorgis G,Antonakos E,et al.Densereg:Fully Convolutional Dense Shape Regression In-the-wild [A]//Proceedings of the IEEE Conference on Computer Vision and Pattern Recognition,2017 [C]:6799-6808.

[131] Kanazawa A,Black J,Jacobs W,et al.End-to-end Recovery of Human Shape and Pose [A]//Proceedings of the IEEE Conference on Computer Vision and Pattern Recognition,2018 [C]:7122-7131.

[132] Loper M,Mahmood N,Romero J,et al.SMPL:A Skinned Multi-Person Linear Model [J].ACM Transactions on Graphics,2015,34(6):1-16.

[133] Ruggero M,Perona P.Benchmarking and Error Diagnosisin Multi-instance Pose Estimation [A]//Proceedings of the IEEE International Conference on Computer Vision,2017 [C]:369-378.

[134] Zhang Z,Luo P,Loy C-C,et al.Facial Landmark Detection by Deep Multi-task Learning [A]//Proceedings of the European Conference on Computer Vision,2014 [C]:94-108.

[135] Dai J,He K,Sun J.Instance-aware Semantic Segmentation via Multi-task Network Cascades [A]//Proceedings of the IEEE Conference on Computer Vision and Pattern Recognition,2016 [C]:3150-3158.

[136] Zhao X,Li H,Shen X,et al.A Modulation Module for Multi-task Learning with Applications in Image Retrieval [A]//Proceedings of the European Conference on Computer Vision,2018 [C]:415-432.

[137] Misra I,Shrivastava A,Gupta A,et al.Cross-stitch Networks for Multi-task Learning [A]//Proceedings of the IEEE Conference on Computer Vision and Pattern Recognition,2016 [C]:3994-4003.

[138] Ruder S,Bingel J,Augenstein I,et al.Latent Multi-task Architecture Learning [A]//Proceedings of the AAAI Conference on Artificial Intelligence,2019 [C]:4822-4829.

[139] Gao Y,Ma J,Zhao M,et al.NDDR-CNN:Layerwise Feature Fusing in Multi-task CNNs by Neural Discriminative Dimensionality Reduction [A]//Proceedings of the IEEE Conference on Computer Vision and Pattern Recognition,2019 [C]:3205-3214.

[140] Vandenhende S,Georgoulis S,Van Gool L.MTI-Net:Multi-scale Task Interaction

Networks for Multi-task Learning [A]//Proceedings of the European Conference on Computer Vision,2020 [C]：527-543.

[141] Xu D,Ouyang W,Wang X,et al.PAD-Net：Multi-tasks Guided Prediction-and-Distillation Network for Simultaneous Depth Estimation and Scene Parsing [A]//Proceedings of the IEEE Conference on Computer Vision and Pattern Recognition,2018 [C]：675-684.

[142] Zhang X,Cui X,Xu C,et al.Pattern-Affinitive Propagation Across Depth,Surface Normal and Semantic Segmentation [A]//Proceedings of the IEEE Conference on Computer Vision and Pattern Recognition,2019 [C]：4106-4115.

[143] Luong M-T,Van Gool L,Sutskever I,et al.Multi-task Sequence to Sequence Learning [J].arXiv：1511.06114,2015.

[144] LiuP,Qiu X,Huang X.Recurrent Neural Network for Text Classification with Multi-task Learning [J].arXiv：1605.05101,2016.

[145] Søgaard A,Goldberg Y.Deep Multi-task Learning With Low Level Tasks Supervised at Lower Layers [A]//Proceedings of the Association for Computational Linguistics,2016 [C]：231-4115235.

[146] Hashimoto K,Xiong C,Tsuruoka Y,et al.A Joint Many-task Model：Growing A Neural Network for Multiple NLP Tasks [J].arXiv：1611.01587,2016.

[147] Wong C,Gesmundo A.Transfer Learning to Learn with Multitask Neural Model Search [J].arXiv：1710.10776,2017.

[148] Fernando C,Banarse D,Blundell C,et al.PathNet：Evolution Channels Gradient Descent in Super Neural Networks [J].arXiv：1701.08734,2017.

[149] Mallya A,Davis D,Lazebnik S.Piggyback：Adapting A Single Network to Multiple Tasks by Learning to Mask Weights [A]//Proceedings of the European Conference on Computer Vision,2018 [C]：67-82.

[150] Bengio Y,Léonard N,Courville A.Estimating or Propagating Gradients Through Stochastic Neurons for Conditional Computation [J].arXiv：1308.3432,2013.

[151] Andreas J,Rohrbach M,Darrell T,et al.Neural Module Networks [A]//Proceedings of the IEEE Conference on Computer Vision and Pattern Recognition,2016 [C]：39-48.

[152] Rosenbaum C,Klinger T,Riemer M.Routing Networks：Adaptive Selection of Non-linear Functions for Multi-task Learning [J].arXiv：1711.01239,2017.

[153] Chang M,Gupta A,Levine S,et al.Automatically Composing Representation Transformations as A Means for Generalization [J].arXiv：1807.04640,2018.

[154] Kirsch L,Kunze J,Barber D.Modular Networks：Learning to Decompose Neural Computation [A]//Advances in Neural Information Processing Systems,2018 [C]：2408-2418.

[155] Gong T,Lee T,Stephenson C,et al.A Comparison of Loss Weighting Strategies for Multi Task Learning in Deep Neural Networks [J].IEEE Access,2019,7：141627-141632.

[156] Xu Y, Liu X, Shen Y, et al. Multi-task Learning with Sample Re-weighting for Machine Reading Comprehension [J]. arXiv:1809.06963, 2018.

[157] Kendall A, Gal Y, Cipolla R. Multi-task Learning Using Uncertainty to Weigh Losses for Scene Geometry and Semantics [A]//Proceedings of the IEEE Conference on Computer Vision and Pattern Recognition, 2018 [C]: 7482-7491.

[158] Liu S, Johns E, Davison J. End-to-end Multi-task Learning with Attention [A]//Proceedings of the IEEE Conference on Computer Vision and Pattern Recognition, 2019 [C]: 1871-1880.

[159] Liu S, Liang Y, Gitter A. Loss-balanced Task Weighting to Reduce Negative Transfer in Multi-task Learning [A]//Proceedings of the AAAI Conference on Artificial Intelligence, 2019 [C]: 9977-9978.

[160] Chen Z, Badrinarayanan V, Lee C, et al. GradNorm: Gradient Normalization for Adaptive Loss Balancing in Deep Multitask Networks [A]//International Conference on Machine Learning. PMLR, 2018 [C]: 794-803.

[161] Guo M, Haque A, Huang D, et al. Dynamic Task Prioritization for Multitask Learning [A]//Proceedings of the European Conference on Computer Vision, 2018 [C]: 282-299.

[162] Jean S, Firat O, Johnson M. Adaptive Scheduling for Multi-task Learning [J]. arXiv:1909.06434, 2019.

[163] Li C, Yan J, Wei F, et al. Self-Paced Multi-task Learning [A]//Proceedings of the AAAI Conference on Artificial Intelligence, 2017 [C]: 2175-2181.

[164] Hasselt H, Guez A, Hessel M, et al. Learning Values Across Many Orders of Magnitude [A]//Advances in Neural Information Processing Systems, 2016 [C]: 4287-4295.

[165] Chennupati S, Sistu G, Yogamani S, et al. MultiNet++: Multi-stream Feature Aggregation and Geometric Loss Strategy for Multi-task Learning [J]. arXiv:1904.08492, 2019.

[166] Duong L, Cohn T, Bird S, et al. Low Resource Dependency Parsing: Cross-lingual Parameter Sharing in A Neural Network Parser [A]//Proceedings of the 53rd annual meeting of the Association for Computational Linguistics and the 7th International Joint Conference on Natural Language Processing, 2015 [C]: 845-850.

[167] Chen D, Manning C. A Fast and Accurate Dependency Parser Using Neural Networks [A]//Proceedings of the Conference on Empirical Methods in Natural Language Processing, 2014 [C]: 740-750.

[168] Long M, Cao Z, Wang J, et al. Learning Multiple Tasks with Multilinear Relationship Networks [A]//Advances in Neural Information Processing Systems, 2017 [C]: 1594-1603.

[169] Lee H, Yang E, Hwang S. Deep Asymmetric Multi-task Feature Learning [A]//International Conference on Machine Learning. PMLR, 2018 [C]: 2956-2964.

[170] Dong D, Wu H, He W, et al. Multi-task Learning for Multiple Language Translation [A]//Proceedings of the 53rd annual meeting of the Association for Computational Linguistics and the 7th International Joint Conference on Natural Language Processing, 2015 [C]: 1723-1732.

[171] Sanh V, Wolf T, Ruder S. A Hierarchical Multi-task Approach for Learning Embeddings from Semantic Tasks [A]//Proceedings of the AAAI Conference on Artificial Intelligence, 2019 [C]: 6949-6956.

[172] Bengio Y, Louradour J, Collobert R, et al. Curriculum Learning [A]//International Conference on Machine Learning. PMLR, 2009 [C]: 41-48.

[173] Sharma S, Jha A, Hegde P, Ravindran B. Learning to Multi-task by Active Sampling [J]. arXiv:1702.06053, 2017.

[174] Sinha A, Chen Z, Badrinarayanan V, et al. Gradient Adversarial Training of Neural Networks [J]. arXiv:1806.08028, 2018.

[175] Maninis K-K, Radosavovic I, Kokkinos I. Attentive Single-tasking of Multiple Tasks [A]//Proceedings of the IEEE Conference on Computer Vision and Pattern Recognition, 2019 [C]: 1851-1860.

[176] Chaudhry A, Ranzato M, Rohrbach M, et al. Efficient Lifelong Learning with A-GEM [J]. arXiv:1812.00420, 2018.

[177] Yu T, Kumar S, Gupta A, et al. Gradient Surgery for Multi-task Learning [J]. arXiv:2001.06782, 2020.

[178] Bucila C, Caruana R, Niculescu A. Model Compression [A]//Proceedings of the ACM SIGKDD International Conference on Knowledge Discovery and Data Mining, 2006 [C]: 535-541.

[179] Rusu A, Gomez S, Gulcehre C, et al. Policy Distillation [J]. arXiv:1511.06295, 2015.

[180] Parisotto E, Ba J, Salakhutdinov R. Actor-Mimic: Deep Multitask and Transfer Reinforcement Learning [J]. arXiv:1511.06342, 2015.

[181] Alonso H, Plank B. When is Multitask Learning Effective? Semantic Sequence Prediction under Varying Data Conditions [A]//Proceedings of the European Chapter of the Association for Computational Linguistics, 2017 [C]: 1-10.

[182] Bingel J, Søgaard A. Identifying Beneficial Task Relations for Multi-task Learning in Deep Neural Networks [A]//Proceedings of the European Chapter of the Association for Computational Linguistics, 2017 [C]: 164-169.

[183] Standley T, Zamir A, Chen D, et al. Which Tasks Should Be Learned Together in Multi-task Learning? [A]//International Conference on Machine Learning. PMLR, 2020 [C]: 9120-9132.

[184] Dwivedi K, Roig G. Representation Similarity Analysis for Efficient Task Taxonomy & Transfer learning [A]//Proceedings of the IEEE Conference on Computer Vision and Pattern Recognition, 2019 [C]: 12387-12396.

[185] Kriegeskorte N. Representational Similarity Analysis - Connecting the Branches of Systems Neuroscience [J]. Frontiers in Systems Neuroscience, 2008, 2(4).

[186] James S,Bloesch M,Davison A.Task-embedded Control Networks for Few-shot Imitation Learning [A]//Conference on Robot Learning.PMLR,2018 [C]：783-795.

[187] Achille A,Lam M,Tewari R,et al.Task2Vec：Task Embedding for Meta-learning [A]//Proceedings of the IEEE Conference on Computer Vision and Pattern Recognition,2019 [C]：6430-6439.

[188] Radosavovic I,Dollár P,Girshick R,et al.Data Distillation：Towards Omni-supervised Learning [A]//Proceedings of the IEEE Conference on Computer Vision and Pattern Recognition,2018 [C]：4119-4128.

[189] Hinton G,Vinyals O,Dean J.Distilling the Knowledge in A Neural Network [J].arXiv：1503.02531,2015.

[190] Karpathy A,Toderici G,Shetty S,et al.Large-scale Video Classification with Convolutional Neural Networks[A]//Proceedings of the IEEE Conference on Computer Vision and Pattern Recognition,2014 [C]：1723-1732.

[191] SilbermanN,Hoiem D,Kohli P,et al.Indoor Segmentation and Support Inference from RGBD Images [A]//Proceedings of the European Conference on Computer Vision,2012 [C]：746-760.

[192] Zamir A,Sax A,Shen W,et al.Taskonomy：Disentangling Task Transfer Learning [A]//Proceedings of the IEEE Conference on Computer Vision and Pattern Recognition,2018 [C]：3712-3722.

[193] Wang A,Singh A,Michael J,et al.GLUE：A Multi-task Benchmark and Analysis Platform for Natural Language Understanding [J].arXiv：1804.07461,2018.

[194] Bowman S,Angeli G,Potts C,et al.A Large Annotated Corpus for Learning Natural Language Inference [A]//Proceedings of the Conference on Empirical Methods in Natural Language Processing,2015 [C]：632-642.

[195] BojarO,Buck C,Federmann C,et al.Findings of the 2014 Workshop on Statistical Machine Translation [A]//Proceedings of the Ninth Workshop on Statistical Machine Translation,2014 [C]：12-58.

[196] Weischedel R,Palmer M,Marcus M,et al.OntoNotes Release 5.0.Linguistic Data Consortium [J].2013.

[197] McCann B,Keskar N,Xiong C,et al.The Natural Language Decathlon：Multitask Learning as Question Answering [J].arXiv：1806.08730,2018.

[198] Beattie C,Leibo J,Teplyashin D,et al.DeepMind Lab [J].arXiv：1612.03801,2016.

[199] YuT,Quillen D,He Z,et al.Meta-world：A Benchmark and Evaluation for Multi-task and Meta Reinforcement Learning [A]//Conference on Robot Learning.PMLR,2020 [C]：1094-1100.

[200] Singh B,Davis S.An Analysis of Scale Invariance in Object Detection Snip [A]//Proceedings of the IEEE Conference on Computer Vision and Pattern Recognition,2018 [C]：3578-3587.

[201] Wu Y,He K.Group Normalization [A]//Proceedings of the European conference on Computer Vision,2018[C]:3-19.

[202] Krizhevsky A,Sutskever I,Hinton G.Imagenet Classification with Deep Convolutional Neural Networks [J].Communications of the ACM,2017,60(6):84-90.

[203] Deng J,Dong W,Socher R,et al.ImageNet:A Large-scale Hierarchical Image Database [A]//Proceedings of the IEEE Conference on Computer Vision and Pattern Recognition,2009[C]:248-255.

[204] Long J,Shelhamer E,Darrell T.Fully Convolutional Networks for Semantic Segmentation [A]//Proceedings of the IEEE Conference on Computer Vision and Pattern Recognition,2015 [C]:3431-3440.

[205] Chen L-C,Papandreou G,Kokkinos I,et al.Deeplab:Semantic Image Segmentation with Deep Convolutional Nets,Atrous Convolution,and Fully Connected CRFS [J].IEEE Transactions on Pattern Analysis and Machine Intelligence,2017,40(4):834-848.

[206] Chen L-C,Papandreou G,Schroff F,et al.Rethinking Atrous Convolution for Semantic Image Segmentation [J].arXiv:1706.05587,2017.

[207] Chen L-C,Zhu Y,Papandreou G,et al.Encoder-decoder with Atrous Separable Convolution for Semantic Image Segmentation [A]//Proceedings of the European Conference on Computer Vision,2018 [C]:801-818.

[208] Wang X,Girshick R,Gupta A,et al.Non-local Neural Networks [A]//Proceedings of the IEEE Conference on Computer Vision and Pattern Recognition,2018 [C]:7794-7803.

[209] Nair V,Hinton G.Rectified Linear Units Improve Restricted Boltzmann Machines [A]//International Conference on Machine Learning.PMLR,2010,2010 [C]:807-814.

[210] Lowe G.Object Recognition from Local Scale-invariant Features [A]//Proceedings of the IEEE International Conference on Computer Vision,1999 [C]:1150-1157.

[211] Rublee E,Rabaud V,Konolige K.ORB:An Efficient Alternative to SIFT or SURF [A]//Proceedings of the IEEE International Conference on Computer Vision,2011:2564-2571.

[212] Ruderman A,Rabinowitz C,Morcos S,et al.Pooling is Neither Necessary Nor Sufficient for Appropriate Deformation Stability in CNNs [J].arXiv:1804.04438,2018.

[213] Bruna J,Mallat S.Invariant Scattering Convolution Networks [J].IEEE Transactions on Pattern Analysis and Machine Intelligence,2013,35(8):1872-1886.

[214] Laptev D,Savinov N,Buhmann M,et al.Ti-pooling:Transformation-invariant Pooling for Feature Learning in Convolutional Neural Networks [A]//Proceedings of the IEEE Conference on Computer Vision and Pattern Recognition,2016 [C]:289-297.

[215] Wang F,Jiang M,Qian C,et al.Residual Attention Network for Image Classification [A]//Proceedings of the IEEE Conference on Computer Vision and Pattern Recognition,2017 [C]:3156-3164.

[216] Xie S, Girshick R, Dollár P, et al. Aggregated Residual Transformations for Deep Neural Networks [A]//Proceedings of the IEEE Conference on Computer Vision and Pattern Recognition, 2017[C]: 1492-1500.

[217] Yang L, Song Q, Li Z, et al. Cross Connected Network for Efficient Image Recognition [A]//Proceedings of the Asian Conference on Computer Vision, 2018 [C]: 56-71.

[218] Ioffe S, Szegedy C. Batch Normalization: Accelerating Deep Network Training by Reducing Internal Covariate Shift [A]//International Conference on Machine Learning. PMLR, 2015 [C]: 448-456.

[219] Selvaraju R, Cogswell M, Das A, et al. Grad-CAM: Visual Explanations from Deep Networks via Gradient-based Localization [A]//Proceedings of the IEEE International Conference on Computer Vision, 2017 [C]: 618-626.

[220] Szegedy C, Ioffe S, Vanhoucke V. Inception-v4, Inception-ResNet and the Impact of Residual Connections on Learning [J]. arXiv: 1602.07261, 2016.

[221] Chen Y, Li J, Xiao H, et al. Dual Path Networks [A]//Advances in Neural Information Processing Systems, 2017 [C]: 4470-4478.

[222] Krizhevsky A, Hinton G. Learning Multiple Layers of Features from Tiny Images [J]. 2009.

[223] Yang L, Song Q, Wang Z, et al. Hier R-CNN: Instance-level Human Parts Detection and A New Benchmark [J]. IEEE Transactions on Image Processing, 2020, 30: 39-54.

[224] Lin T-Y, Goyal P, Girshick R, et al. Focal Loss for Dense Object Detection [A]//Proceedings of the IEEE International Conference on Computer Vision, 2017 [C]: 2980-2988.

[225] Yang L, Song Q, Wu Y, et al. Attention Inspiring Receptive-fields Network for Learning Invariant Representations [J]. IEEE Transactions on Neural Networks and Learning Systems, 2018, 30(6): 1744-1755.